Matthias Brandt

DIE PERFEKTE BEWERBUNG

Wie Sie durch erfolgreiche Kommunikation, effektive Rhetorik und Tricks aus der Psychologie Schritt für Schritt Ihren Traumjob bekommen

— Der Bewerbungsratgeber für Gewinner! —

Bibliographische Information der Deutschen Nationalbibliothek:
Die Deutsche Nationalbibliothek verzeichnet diese Publikation in der deutschen Nationalbibliographie; detaillierte bibliographische Daten sind im Internet über http://dnb.dnb.de abrufbar.

Originale Erstauflage: August 2020

Layout: Ka & Jott, Bernau bei Berlin

Coverbild: Julien Eichinger / Adobe Stock

Druck / Auslieferung: Amazon oder eine Tochtergesellschaft

Herausgeber: J. Loewenstein Media GmbH; Ericusspitze 4, 20457 Hamburg

Independently published | ISBN: 979-8673295687

INHALT

Einführung

Sicher kennen Sie das auch: Stundenlang formuliert man sich die Nächte um die Ohren, feilt am perfekten Anschreiben und versucht seinen Lebenslauf so eindrucksvoll wie nur möglich erscheinen zu lassen. Mit einem Klick ist die Bewerbung meist versandt – und dann beginnt das Warten.

Eine Woche, zwei Wochen, vier Wochen, sechs Wochen und noch immer keine Antwort. Auch die anderen Bewerbungen auf ähnliche Jobangebote, die man abgeschickt hat, bleiben fruchtlos. Im besten Fall erhält man vielleicht noch eine Absage mit einer vagen Angabe von Gründen, warum nichts aus der Bewerbung geworden ist.

Im schlimmsten Fall wird man vollständig im Unklaren gelassen und selbst die schlechte Nachricht, dass die Bewerbung nicht erfolgreich war, bleibt einem vorenthalten.

Dass der beste Freund einem beim gemeinsamen Abendessen dann auch noch stolz von seinem neuen Traumjob erzählt, ist der Tiefpunkt.

Vielleicht kommt Ihnen auch Folgendes bekannt vor: Man hat nach einer Bewerbung eine positive Rückmeldung erhalten und wurde zu einem Vorstellungsgespräch eingeladen. Ein bisschen nervös aber mit guter Laune begibt man sich zum verabredeten Treffpunkt.

Zuerst läuft alles einwandfrei – bis diese eine Frage kommt, die einen vollkommen aus der Bahn wirft. Man wird unsicher, die vorher auswendig gelernten Antworten wollen einem nicht mehr einfallen. Schlussendlich entscheiden sich die Personaler für einen anderen Bewerber.

Tagtäglich finden sich Bewerber in solch unangenehmen und höchst ärgerlichen Situationen wieder. Immer wieder werden Bewerber abgelehnt, obwohl sie für den Job eigentlich bestens qualifiziert wären. Es mangelt in den allermeisten Fällen nicht an Können, sondern an der Fähigkeit der Bewerber, den Entscheidern ihr vorhandenes Können zu vermitteln.

Wenn Sie sich in den Schilderungen zumindest in Teilen wiedererkennen, meine Darstellung bei Ihnen unschöne Erinnerungen weckt und wenn Sie ebenfalls schon eine Absage für einen Job dulden mussten, für den Sie Ihrer Meinung nach perfekt geeignet waren, sollten Sie sich dennoch glücklich schätzen. Denn in diesem Buch werde ich Ihnen meine ganz persönlichen Top-Strategien für Bewerbungen vermitteln. Ganz egal, ob Sie Unterstützung beim Verfassen Ihres Motivationsschreibens, Hilfe bei der Erstellung Ihres Lebenslaufes oder Anstöße zur Überbrückung lästiger Wartezeiten benötigen – dieser Ratgeber deckt jeden Aspekt des typischen Bewerbungsprozesses ab!

Darüber hinaus werde ich wertvolle Taktiken mit Ihnen teilen, mit deren Hilfe sie das Bewerbungsgespräch mit optimaler Vorbereitung durchlaufen, fiese Fragen der Personaler meistern und letztere in Staunen versetzen – so, dass Sie am Ende Ihren Traumjob bekommen!

Die Strategien fußen auf Erkenntnissen aus empirischen Daten und Studien. Neben meinen eigenen Erfahrungen wurde dieser Ratgeber auf Basis der Expertise erfahrener Psychologen und Personaler entwickelt. Sie erhalten also echtes Expertenwissen – praxisnah, lösungsorientiert und einfach verständlich aufbereitet.

Um Ihnen das Leseerlebnis und den Lernprozess so angenehm wie möglich zu gestalten, habe ich diesen Ratgeber chronologisch aufgebaut. Im ersten Abschnitt des Buches dreht sich alles um das Thema Anschreiben.

Ich werde Ihnen näherbringen, wie Sie mit Ihren Bewerbungsunterlagen einen perfekten ersten Eindruck hinterlassen und die Personalentscheider schon in erster Instanz von Ihren Kenntnissen und Fähigkeiten überzeugen – Sie zwingen letztere regelrecht, Ihnen eine Einladung für ein Bewerbungsgespräch zuzuschicken!

Im zweiten Abschnitt dieses Ratgebers widmen wir uns der Bewältigung von Wartezeiten nach eingeschickten Bewerbungen und der Kunst, jene sogar auf ein Minimum zu reduzieren.

Außerdem werde ich Ihnen Schritt für Schritt näherbringen, wann Sie nach Eingang Ihrer Bewerbung beim Unternehmen nachfassen sollten – und in welcher Form.

Im letzten Abschnitt dieses Buches stelle ich Ihnen die ultimative Anleitung für perfekte Bewerbungsgespräche vor. Sie werden lernen, wie Sie mit Hilfe optimaler Vorbereitung und geschickter Kommunikation die Personaler für sich gewinnen und selbst schwierige Fragen mit Leichtigkeit richtig beantworten!

Mithilfe des geballten Wissens, welches Sie sich in diesem Ratgeber aneignen, werden Bewerbungen für Sie in Zukunft nicht mehr lästig, sondern eine Freude sein. Setzen Sie die Methodik dieses Buches konsequent um, wird Ihr Traumjob nicht nur ein Traum bleiben – versprochen!

Ganz entscheidend ist, dass Sie dieses Buch nach dem Lesen nicht einfach ins Regal stellen! Machen Sie sich Notizen, sprechen Sie mit anderen Menschen über Ihre neuen Erkenntnisse und – am wichtigsten – bauen Sie die hier gezeigten Techniken unmittelbar in Ihre aktuellen und künftigen Bewerbungen ein.

So wird dieses Buch für Sie sein ganzes Potenzial entfalten. Sie können schon zum jetzigem Zeitpunkt stolz auf sich sein.

Das Lesen dieses Buches beweist, dass Sie Erfolg in Ihrem Berufsleben nicht auf die leichte Schulter nehmen, sondern sich aktiv darum bemühen, den Fortschritt in Ihrem beruflichen Werdegang zu maximieren. Das verdient Respekt!

Nehmen Sie sich nun am besten Zettel und Stift zur Hand und lesen Sie los! Ich wünsche Ihnen viel Spaß und neue Erkenntnisse und vor allem alles Gute für Ihre berufliche Zukunft.

Auf dass Sie Ihre Bewerbungen in Zukunft nicht nur mit dem bloßen Gefühl der Hoffnung, sondern auch mit dem Gefühl der Entschlossenheit und Gewissheit schreiben, und Ihren Traumjob tatsächlich erlangen!

Herzlichst
Matthias Brandt

Das perfekte Mindset für Bewerbungen

Willkommen im ersten Kapitel dieses Buches. Bevor wir uns an die handfesten Techniken zur Aufwertung Ihres Bewerbungsprozesses machen, versuchen wir vorerst an einer positiven Grundhaltung zu arbeiten. Lassen Sie mich in den nächsten Absätzen erläutern, warum dies entscheidend ist.

Beantworten Sie dazu folgende Fragen: Fühlen Sie sich beim Schreiben Ihrer Bewerbungen stets sicher, selbstbewusst und motiviert? Schreiben Sie Ihre Anschreiben mit der Gewissheit, den angestrebten Job tatsächlich auch zu erlangen?

Wenn das nicht der Fall ist und Sie sich schon dabei ertappt haben, während des Verfassens Ihrer Bewerbung Zweifel zu bekommen und nicht mehr vollständig an sich selbst zu glauben, dann ist dieses Kapitel besonders wertvoll für Sie.

Im Folgenden erfahren Sie nämlich, warum es so unglaublich wichtig ist, in Bewerbungsprozesse mit einem klaren Kopf und positiven Gedanken zu starten.

Denn mit der Methodik in diesem Buch gebe ich Ihnen zwar äußerst potente Werkzeuge zur Perfektionierung Ihres nächsten Bewerbungslaufes an die Hand, vom Anschreiben über die Zeit danach bis hin zu Ihrem Bewerbungsgespräch.

Doch um die hier vorgestellten Strategien auch effektiv umsetzen zu können, müssen Sie parallel dazu an Ihrem Mindset, also an Ihren inneren Glaubenssätzen, arbeiten.

Der Eindruck, den Sie von sich selbst haben, färbt nämlich automatisch auch auf die Personalverantwortlichen ab, die Ihre Bewerbung bearbeiten.

Wenn eine Person zum Beispiel nicht viel von sich selbst hält, also ein geringes Selbstwertgefühl hat, oder nur über ein schwaches Bewerberprofil verfügt, dann fällt dies wahrscheinlich schon in den Formulierungen auf, die sie im Anschreiben der Bewerbung verwendet – allerspätestens und unvermeidlich aber im Vorstellungsgespräch.

Aus diesem Grund ist es unwahrscheinlich entscheidend, dass Sie sich neben der inhaltlichen Vorbereitung des Bewerbungsprozesses auch mental wappnen – und an Ihrem Selbstbild und Mindset arbeiten.

Sie können Ihre Glaubenssätze allerdings nicht von heute auf morgen ändern. Es ist ein fließender Prozess. Wenn Sie in diesem Bereich jedoch nach und nach Fortschritte machen, kann dies als regelrechtes Trampolin für Ihren Bewerbungserfolg fungieren!

Hierzu gibt es einige Ansätze, an denen Sie feilen können. Die Methoden, die ich Ihnen jetzt präsentiere, sollten Sie von nun an in jedem einzelnen Bewerbungsprozess anwenden – dann werden Sie Ihnen in Fleisch und Blut übergehen und Sie werden wie von Geisterhand selbstbewusster, optimistischer und fundierter Bewerbungen schreiben.

Das geniale: alle Schritte, die ich Ihnen zur Weiterentwicklung Ihrer Mentalität vorstelle, sind so leicht wie Fahrradfahren. Es kommt also wirklich nur auf Kontinuität, also auf regelmäßiges Wiederholen der Methodik an.

Die drei Strategien, die ich mit Ihnen teilen werde, habe ich in der sogenannten WAS-Methode zusammengefasst. Diese werde ich in einem späteren Abschnitt noch genauer erläutern. Nun zuerst zu einem ganz einfachen Ritual, welches Sie sich angewöhnen sollten:

Machen Sie sich vor der Bewerbung – also bevor Sie nach dem Sichten einer Stellenanzeige beschließen, sich bei dem jeweiligen Unternehmen zu melden – ausführlich bewusst, warum genau Sie den neuen Job haben wollen.

Wenn wir nämlich nur nach einer neuen Beschäftigung suchen, um uns irgendwie über Wasser zu halten, geht das zwangsläufig schief.

Im besten Fall sind Sie Feuer und Flamme für Ihren potenziellen neuen Job. Selbst, wenn dies nicht hundertprozentig der Fall sein sollte, ist es wichtig, zumindest einige wichtige Gründe zu finden, sich auf genau die angestrebte Stelle zu bewerben.

Nehmen Sie sich also etwas zu Schreiben zur Hand und beginnen Sie zu notieren, was für eine Bewerbung für den jeweiligen Job spricht.

Das können ganz vielseitige Beweggründe sein: Stellt Ihnen die neue Stelle nette Mitarbeiter, eine angenehme Arbeitsumgebung oder überdurchschnittlich gute Verdienstmöglichkeiten zur Verfügung?

Werden Sie mit hochwertigen Utensilien beziehungsweise Arbeitsmaterialien ausgestattet, spricht Sie die Organisationsstruktur des neuen Unternehmens an oder gefällt Ihnen vielleicht einfach die neue Kantine besonders gut?

Diese Übung mag banal wirken, doch vor der eigentlichen Bewerbung durchgeführt, ist diese Methode Gold wert für ein erfolgreiches Anschreiben und auch später für das Vorstellungsgespräch.

Denn weil Sie sich schriftlich ganz bewusst nur auf die Vorzüge der angebotenen Stelle konzentrieren, heizen Sie sich selbst ganz gehörig neuen Ehrgeiz ein. Sie schwärmen von Ihrem neuen Job – dabei wächst in Ihnen ganz automatisch eine Leidenschaft für Ihre potenziellen neue Arbeit.

Führen Sie dieses Ritual vor jeder Ihrer zukünftigen Bewerbungen gewissenhaft durch. Sie werden sehen: Damit werden Bewerbungen zum Selbstläufer. In Vorfreude auf die vielseitigen Vorteile des neuen Berufes werden Ihnen in Zukunft selbst die kniffligsten Formulierungen des Anschreibens kinderleicht von der Hand gehen.

Sie wissen nun, warum Sie unbedingt die Stelle haben wollen, aber Moment. Warum sollte denn das Unternehmen überhaupt SIE einstellen? Können Sie diese Frage jetzt sofort beantworten? Auch, wenn Sie mich gerade nicht sehen können – sprechen Sie Ihre Antwort nun laut aus.

Fertig? Das war spontan ganz schön knifflig oder? Dabei ist diese Frage so ziemlich die wichtigste im gesamten Bewerbungsprozess.

Egal, ob im Anschreiben oder im Vorstellungsgespräch: Sie sollten sich immer darüber im Klaren sein, was Sie als Bewerber von den anderen Anwärtern für die Stelle abhebt. Warum Sie und niemand sonst die Stelle verdient hat.

Dabei kann es hilfreich sein alte Arbeitszeugnisse mitsamt der Tätigkeitsbeschreibungen noch einmal durchzulesen und sich die Einschätzungen Ihrer vormaligen Arbeitgeber anzusehen. Wenn Sie noch keine Berufserfahrung haben, weil Sie kürzlich erst Ihren Abschluss gemacht haben, können Sie auch Ihre Lehrer, Ausbilder oder Dozenten fragen.

Ziel dieser Übung ist es, Ihnen als potenziellen neuen Arbeitnehmer ein stichhaltiges Profil zu geben. Viele Bewerber sprechen in Ihren Bewerbungen nämlich viel zu viel über Ihr Privatleben oder ausgerechnet darüber, was Sie nicht so gut können.

Seien Sie den anderen Bewerbern bei Ihren künftigen Bewerbungen einen Schritt voraus. Die Personalverantwortlichen haben genug davon, von den Sorgen und Nöten der Job-Anwärter zu hören.

Stattdessen müssen Sie mit der Stärke Ihres Profils überzeugen. Stellen Sie es sich wie bei einem Handykauf vor. Sie sind das Handy – ein ungewöhnlicher Vergleich – und der Personalentscheider ist der Käufer.

Selbstverständlich wird sich letzterer für das Smartphone mit den besten Komponenten entscheiden, also dem, welches seinen Anforderungen am ehesten entspricht. Genauso ist es im Bewerbungsprozess – der Bewerber, der am besten zu den Ansprüchen der Firma passt, erlangt den Zuschlag! Werden Sie sich also über Ihre Stärken bewusst!

Darüber hinaus sollten Sie, bevor Sie mit dem Verfassen Ihrer Bewerbung beginnen, versuchen, sämtliche negative Gedanken aus Ihrem Kopf zu verbannen. Selbstzweifel, Minderwertigkeitsgefühle oder gar Angst haben bei Ihrer nächsten Bewerbung rein gar nichts verloren. Denn diese wird man Ihnen mit ziemlicher Sicherheit im Anschreiben anmerken. Genauso lassen sich aber auch Selbstvertrauen und Bestimmtheit aus einem Anschreiben herauslesen.

Bevor Sie sich an Ihre Bewerbung setzen, gilt es also, Ihr Mindset noch weiter auf Erfolg zu polen. Eine erstklassige Methode, Ihnen für den anstehenden Bewerbungsprozess Mut zu machen, ist die sogenannte Selbstaffirmation. Mit dieser Strategie starten Sie mit Mut und ultimativer Selbstsicherheit in den nächsten Bewerbungslauf.

Dies gestaltet sich folgendermaßen: Bevor Sie an Ihrer Bewerbung weiterarbeiten, begeben Sie sich an einen Ort, mit dem Sie positive Gedanken verbinden. Achten Sie auf eine angenehme Umgebung, machen Sie sich motivierende beziehungsweise fröhliche Musik an und essen oder trinken Sie etwas Leckeres.

Ein Umfeld, in welchem wir uns geborgen und glücklich fühlen, verleitet unser Gehirn nämlich schlagartig zu einer Ausschüttung des Glücks-Botenstoffes Dopamin – dieser stärkt wie auf Knopfdruck Motivation und positive Gedanken.

Begeben Sie sich dann an einen Ort, an dem Sie sich selbst gut sehen können. Suchen Sie sich beispielsweise einen Spiegel, ein Fenster, in dem Sie die Reflexion Ihrer selbst sehen können oder nutzen Sie ganz einfach die Frontkamera Ihres Mobiltelefons. Sprechen Sie dann folgenden Glaubenssatz nach:

Ich kenne meine Stärken und weiß genau, warum ich der Richtige für die Stelle bin. Mich zeichnen meine _, meine _ und meine _ ganz besonders aus. Ich bin ein profilstarker Bewerber und verkaufe mich niemals unter Wert.

In die Lücken füllen Sie jene drei Eigenschaften, welche Sie in Bezug auf Ihren potenziellen neuen Job am besten beschreiben. Regelmäßig angewendet kann Ihnen dieser Glaubenssatz dabei helfen, Ihr Mindset auf puren Erfolg zu schalten.

Mit diesen positiven Gedanken im Unterbewusstsein wird es Ihnen unwahrscheinlich leichtfallen, den richtigen Ton zu treffen, die Formulierungen Ihres Anschreibens zu perfektionieren und ganz nebenbei auch noch mit einer extrem starken Motivation an Ihrer Bewerbung zu arbeiten.

Am besten lernen Sie diesen Glaubenssatz auswendig. Es mag stumpf wirken, doch durch regelmäßige Wiederholung dieser Worte geht der Inhalt automatisch in Ihr Unterbewusstsein und damit in Ihre Grundeinstellung über. Sie können sich dies ein bisschen wie einen Grundriss, eine grobe Bauanleitung für Ihre Bewerbung vorstellen:

Während Sie Ihre Bewerbung schreiben, gleicht Ihr Kopf das Geschriebene ganz von allein mit dem obigen Glaubenssatz ab. Widerspricht Ihre Formulierung dem Glaubenssatz, etwa, weil Sie überheblich schreiben oder bedürftig wirken, wird Ihnen dies automatisch auffallen.

Auf diese Weise wird es Ihnen signifikant leichter fallen, genauso zu schreiben, wie die Personaler es hören wollen – nämlich selbstbewusst und profilbetont! Genial, oder?

Fassen wir also nochmal zusammen: Ein positives, selbstsicheres Mindset kann bei Ihrer Bewerbung von Vorteil sein. Es motiviert Sie beim Aufsetzen Ihres Bewerbungsbriefes, verbessert Ihre Bewerbungsformulierungen und filtert automatisch unangebrachte Formulierungen aus, wie zum Beispiel unsicher wirkende, unterwürfige, oder überhebliche Sätze.

Um effektiv an Ihrem Mindset zu arbeiten, ist es äußerst hilfreich, sich zuerst darüber klar zu werden, warum genau Sie überhaupt Interesse an dem neuen Job haben. Finden Sie also möglichst viel, was Sie an der potenziellen neuen Stelle begeistert oder zumindest einen Vorzug darstellt.

Ermitteln Sie als nächstes, was Sie für den Job besonders qualifiziert – warum also gerade Sie mit der neuen Stelle betraut werden sollten. Das ist ungemein wichtig, um im Anschreiben schlüssig darstellen zu können, warum Sie als Bewerber die beste Wahl für die Personaler darstellen.

Nutzen Sie als letztes den obigen Glaubenssatz zur Selbstaffirmation. Dieser wird Ihr Selbstbewusstsein als Bewerber weiter steigern, Sie aufmerksamer Ihre Bewerbung schreiben lassen und dazu führen, dass Ihnen ein qualitatives Bewerbungsanschreiben geradezu aus der sprichwörtlichen Schreibfeder fließt.

Diese drei Strategien bezeichne ich als die WAS-Methode. Nicht nur fasst das Wort „Was“ – wie ich finde – ziemlich knackig die Unsicherheit und die vielen offenen Fragen zusammen, welchen Sie mithilfe dieses Werkzeuges auf den Grund gehen. Es handelt sich bei WAS auch um ein Akronym – jeder Buchstabe steht also für ein Wort.

Es beginnt mit W für „Wunsch“ – denn hier gehen Sie Ihrer eigenen Intention auf den Grund. Warum genau wünschen Sie sich überhaupt den neuen Job?

Das A in WAS steht für „Anforderung“ – hier geht es darum, Ihr ganz persönliches Bewerberprofil zu schärfen, um darlegen zu können, warum Sie die Anforderungen aus der Jobanzeige perfekt erfüllen. Das S steht für „Selbstaffirmation“.

In diesem Schritt verankern Sie Selbstsicherheit und Motivation für Ihre Bewerbung fest in Ihrer Persönlichkeit.

Das als kleine Gedankenstütze. Nun ist es an Ihnen, diese neue Methode in Ihre nächsten Bewerbungen einzubauen. Sie werden sehen: Je häufiger Sie die WAS-Methode anwenden, desto routinierter werden Sie sie nutzen können – und desto größer wird Ihre Effektivität in Bewerbungsprozessen.

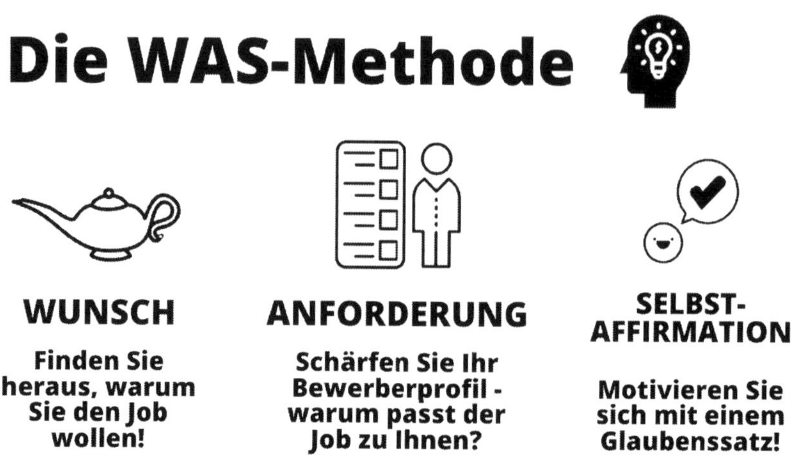

Das Anschreiben - Ihre persönliche Visitenkarte

Auf den nächsten Seiten werden wir uns intensiv damit beschäftigen, Ihre Art Anschreiben zu verfassen zu optimieren.

Die Dokumente, mit denen Sie sich in aller Regel bewerben – also Motivationsschreiben, Lebenslauf und Bescheinigungen oder Urkunden – sind das erste, was die Personalentscheider von Ihnen zu Gesicht bekommen.

Aus diesem Grund ist es so unwahrscheinlich wichtig, dass Ihre Bewerbung ansprechend ist, sodass man Sie als Bewerber unbedingt näher kennenlernen will.

Ganz entscheidend ist es dabei, und das unabhängig vom eigentlichen Inhalt, dass Ihre Bewerbung für die Personaler ansprechend aussieht! Warum entscheiden Sie sich im Supermarkt für ein bestimmtes Produkt und nicht etwa für jenes der Konkurrenz?

Warum sind Sie beim Stöbern nach neuer Lektüre ausgerechnet auf diesen Ratgeber gestoßen? Nun, all das hat in nicht geringem Umfang mit unserer ästhetischen Wahrnehmung zu tun.

Klingt erst mal etwas holprig, ist aber ganz einfach: Ein gutes Design macht uns neugierig, wir assoziieren ein gutaussehendes Produkt mit einem hohen Wert. Das gilt auch für die Entscheider, die nach der Bewerbung Ihren Lebenslauf unter die Lupe nehmen.

Sie als Anwärter für eine neue Stelle sind im engeren Sinne zwar kein Produkt, trotzdem müssen Sie sich gut „verkaufen" können – schließlich wollen Sie den Personaler davon überzeugen, dass er sich für Sie und nicht für einen anderen Bewerber entscheiden soll.

Es läuft also ganz ähnlich ab wie bei dem obigen Beispiel aus dem Supermarkt. Verstehen Sie mich nicht falsch, Ihre Bewerbung soll kein Picasso werden, im Gegenteil:

Schon mit ein paar einfachen Handgriffen können Sie dafür sorgen, dass Ihre Bewerbung heraussticht, ansprechend und vertrauenserweckend erscheint und Ihren Mehrwert für das Unternehmen wirksam unterstreicht.

Darum lesen Sie weiter und erfahren Sie im Folgenden, was Sie tun sollten, um optisch einen perfekten ersten Eindruck bei den Entscheidungsträgern zu hinterlassen!

Wie Sie einen formalen Brief schreiben

Es beginnt mit der korrekten Formatierung Ihrer Bewerbung. Im Grunde ist Ihre Bewerbung ein Geschäftsbrief – deswegen sollten Sie sie auch so aufbauen.

Denken Sie unbedingt an die Anschrift des Unternehmens. Diese wird oben links auf dem Dokument platziert. Oben rechts ist Platz für Ihre persönlichen Informationen, also Ihren Namen, die Adresse sowie Kontaktinformationen.

Etwa mittig auf der Seite steht das eigentliche Anschreiben. Vergessen Sie hier auf keinen Fall die Überschrift. Ein einfacher Vermerk wie „Bewerbung um Stelle x, Referenznummer x" reicht da schon aus.

Über dieser Überschrift sollte sich natürlich auch das Datum Ihrer Bewerbung befinden. Die eben angesprochene Referenznummer, sofern in der Ausschreibung angegeben, sollten Sie auf jeden Fall angeben.

Dies hilft den Personalern, Ihre Bewerbung sofort einordnen zu können und erspart dem Unternehmen unnötigen Verwaltungsaufwand – so können Sie direkt wertvolle Pluspunkte sammeln!

Unter den Textkörper und die Grußformel sollten Sie beim Anschreiben immer auch Ihre Signatur platzieren. Wenn Sie Ihre Bewerbung postalisch versenden, genügt es, handschriftlich zu unterschreiben.

Sollten Sie Ihre Bewerbung auf digitalem Wege einreichen – was heutzutage zum Standard gehört – empfehle ich Ihnen, die Bewerbung einmal auszudrucken, zu signieren und sie anschließend mit der Unterschrift wieder einzuscannen. Sie können auch Ihre Unterschrift auf ein leeres Blatt schreiben und einscannen und diese dann als Bild einfügen.

Hier noch ein Profitipp: Fügen Sie unter der Signatur ein Verzeichnis Ihrer Anlagen an (Lebenslauf, Zeugnisse, Referenzen etc.) – damit machen Sie einen ganz besonders organisierten Eindruck bei den Entscheidungsträgern.

Was die Schriftgrößen Ihrer Bewerbung angeht – und das gilt genauso für Ihren Lebenslauf – sollten Sie sich an der 12-14-16-Regel orientieren:

Fließtext und die Auflistungen in Ihrem Lebenslauf schreiben Sie in Schriftgröße zwölf, Datum, Empfänger sowie Absender in Schriftgröße vierzehn und die Überschriften in Schriftgröße sechzehn.

Checkliste: Brief aufsetzen

- **Unternehmensanschrift oben links**
- **Pers. Informationen oben rechts**
- **Darunter Überschrift, Datum und Textkörper**
- **Zum Schluss Signatur und Anlagenverzeichnis**

Warum Sie mit Farben arbeiten sollten

Kommen wir als nächstes zur Farbgebung Ihrer Bewerbung. Die Wichtigkeit der Verwendung von Farben wird bei vielen Bewerbern extrem unterschätzt.

Mit Einsatz von Farben können Sie Ihre Bewerbung nicht nur interessanter erscheinen lassen. Mit einem dezenten Kolorit können Sie die Personalentscheider auch ganz gezielt psychologisch beeinflussen.

In zahlreichen Studien wurde belegt, dass blau etwa eine ruhige, entspannende Wirkung hat. Blau wird mit Gewissenhaftigkeit, Vertrauen und Kreativität assoziiert. Mit rot hingegen machen Sie auf sich aufmerksam.
Die Farbe wird mit Dynamik, Energie und Kraft in Verbindung gebracht. Bei der nächsten Bewerbung sollten Sie definitiv eine dieser Farben in Ihrer Bewerbung unterbringen.

Wie bei so vielem gilt aber auch hier: Weniger ist mehr! Sie sollen aus Ihrer Bewerbung keinen Kanarienvogel machen – denn dann werden Sie auch als ein solcher wahrgenommen. Arbeiten Sie zurückhaltend mit Farben.

Es ist schon vollkommen ausreichend, wenn Sie die Überschrift Ihrer Bewerbung farblich hervorheben. Wichtig ist, dass Sie in der gesamten Bewerbung nur eine Farbe verwenden. Nutzen Sie also nicht blau für den Lebenslauf und rot für das Anschreiben: Entweder, oder!

Auch mit der Verwendung verschiedener Schriftarten sollten Sie vorsichtig sein. Als Faustregel können Sie sich merken: Mehr als zwei Schriftarten sind tabu!

Für den Textkörper, also Ihr eigentliches Bewerbungsschreiben, sollten Sie auf eine Serifenschrift zurückgreifen. Serifen sind kleine Linien am Abschluss der Buchstabenbalken. Beispiele für Serifenschriften sind zum Beispiel Times New Roman oder Georgia.

Durch Schriftarten mit Serifen wird der Lesefluss verbessert, die Personaler können Ihre Bewerbung also angenehmer lesen. Für die Überschrift Ihres Anschreibens eignen sich wiederum serifenlose Schriften wie Arial oder Helvetica.

Profitipp: Verzichten Sie bei Ihrer Bewerbung auch auf Schriften wie Comic Sans oder Calibri. Mit ersterer wirkt Ihre Bewerbung kindlich und unüberlegt, Calibri wird mittlerweile so inflationär genutzt, dass Ihre Bewerbung damit aussieht, wie jede andere – aber eben nicht herausstechend.

Die Wirkung von ...

Das perfekte Bewerberfoto

Apropos herausstechen: Haben Sie sich schon Gedanken über Ihr Bewerberfoto gemacht? Dieses spielt nämlich eine entscheidende Rolle in Ihrer Bewerbung.

Im Lebenslauf können Sie mit dem Abbild Ihrer eigenen Person nämlich erheblich Pluspunkte sammeln. Bewerberfotos sind zwar keine Pflicht mehr, allerdings empfehlenswert.

Mit einem sympathischen Foto Ihrer selbst treten Sie darüber hinaus auch gleich als angenehme und offene Persönlichkeit in Erscheinung.

Dass Sie ein Portraitfoto mit neutralem Hintergrund und kein Urlaubsbild wählen sollten, dürfte klar sein. Auch ein freundliches Lächeln ist eine Selbstverständlichkeit.

Jetzt kommen wir zum fortgeschrittenem Bewerberwissen: Wenn Ihnen eine Bewerbung besonders am Herzen liegt, können Sie sich zum Beispiel in den Farben des Unternehmens kleiden.

Hierbei sollten Sie jedoch immer darauf achten, dass sich die Farben Ihrer Kleidung und jene der Bewerbung nicht beißen. Wenn Sie sich auf einmal für viele Stellen bewerben, können Sie mit einem neutralen weißen Hemd beziehungsweise einer weißen Bluse nichts falsch machen.

Bewerberfotos sollten Sie von einem professionellen Fotografen anfertigen lassen. Nichts sticht Personalern so schmerzhaft ins Auge wie ein mangelhaftes Handy-Foto!

Mit diesen Strategien wird es Ihnen in Zukunft erheblich leichter fallen bei den Entscheidungsträgern einen positiven ersten Eindruck zu hinterlassen – und das, bevor diese überhaupt mit dem Lesen Ihrer Bewerbung begonnen haben.

Um diesen Eindruck aufrechtzuerhalten, ist ein inhaltlich einwandfreies Motivationsschreiben mindestens genauso wichtig. Wie Sie dieses perfektionieren, wird Thema des folgenden Kapitels sein.

Wie Sie Ihre persönlichen Stärken ermitteln

Sie verfügen nun über umfassendes Wissen in Bezug auf die richtige Gestaltung Ihrer Bewerbung. Nun geht es darum, diese gutaussehende Bewerbung auch mit Inhalt zu füllen.

Zuerst widmen wir uns dem Motivationsschreiben beziehungsweise Anschreiben – Ihre persönliche Bewerbungs-Visitenkarte. In diesem Teil Ihrer

Bewerbung müssen Sie alles geben, um Ihren Wert für das Unternehmen zu kommunizieren.

Was sind Ihre ganz persönlichen Stärken? Wie können Sie Ihre Kompetenzen in der neuen Stelle einbringen und warum sollte der Betrieb gerade Sie einstellen?

Bevor Sie sich nun an das Schreiben machen, sollten Sie sich über die obigen Fragen Gedanken machen. Nehmen Sie sich am besten einen separaten Zettel zur Hand und schreiben Sie all diese Fragen mit genügend Platz zur Beantwortung nieder.

Ganz besonders bei der ersten Frage lohnt es sich, auch die Mitmenschen in Ihrem Umfeld zu fragen, welche Stärken sie mit Ihnen assoziieren würden. Manchmal können diese das sogar besser einschätzen als man selbst.

Sind Sie momentan allein, können Sie das auch später machen und die Fragen vorerst selbst beantworten. Denken Sie nun genau nach, schauen Sie sich die Stellenausschreibung noch einmal an und machen Sie sich in Spiegelstrichen Notizen.

Sie werden sehen: das Verfassen des Anschreibens wird Ihnen erheblich leichter fallen, wenn Sie den Inhalt vorher grob anreißen. Lesen Sie erst weiter, wenn Ihnen nichts mehr einfällt.

Wer ist Ihr Ansprechpartner?

Bevor es an das Verarbeiten Ihrer Notizen geht, sollten Sie sich fragen, an wen Ihre Bewerbung überhaupt gerichtet werden muss. Wenn Sie Pech haben, ist in der Stellenanzeige kein Ansprechpartner zu finden.

In diesem Fall lohnt es sich, die gesamte Homepage des Unternehmens zu durchstöbern. Mit etwas Glück finden Sie nämlich einen „Leiter Bereich Personal", einen „Leiter der Personalabteilung" oder einen „Personalleiter".

Wenn dem so ist, richten Sie Ihre E-Mail an diese Person. Wenn Sie trotz intensiver Recherche keinen Ansprechpartner gefunden haben, fahren Sie mit einem schlichten „Sehr geehrte Damen und Herren“ am besten.

Das ist zwar etwas unpersönlicher, doch wenigstens können Sie mit dieser Formulierung nichts falsch machen.

Kennen Sie hingegen den Ansprechpartner, kann Ihnen das ungemein von Vorteil sein. Denn heutzutage findet man mit einer einzigen Google-Suche meist viele weiterführende Informationen zu einer Person.

Auch, wenn sich das für Sie zuerst vielleicht befremdlich anhören mag: Recherchieren Sie über Ihren Ansprechpartner! Vielleicht finden Sie ein Facebook- oder LinkedIn-Profil – und damit weitere Ideen für Ihr Anschreiben beziehungsweise Smalltalk-Ideen fürs Bewerbungsgespräch.

Der erste Satz

Nach der Anrede folgt der erste Satz Ihres Anschreibens. Dieser erste Satz hat eine ganz besondere Wichtigkeit. Denn ähnlich wie bei einem spannenden Buch können Sie mit einem passenden ersten Satz die Aufmerksamkeit des Personalers für sich gewinnen.

Wichtig ist auch, dass Sie zu Anfang Ihres Anschreibens auch den Grund für Ihre Bewerbung erläutern, also Ihre Motivation darlegen.

Streichen Sie den berühmt-berüchtigten Satz „Hiermit bewerbe ich mich um …“ am besten vollständig aus Ihrem Gedächtnis. Denn damit landet Ihre Bewerbung ganz schnell gemeinsam auf einem Stapel mit all den anderen Einheitsbewerbungen – und gerade das wollen Sie vermeiden.

Dafür brauchen Sie ein bisschen Kreativität oder zumindest einen ersten Satz, der denen der anderen Bewerbungen nicht eins zu eins entspricht. Fällt Ihnen das noch schwer?

Keine Angst, das Anschreiben soll kein literarisches Meisterwerk werden, schlichtweg ein kleines bisschen anders als der Einheitsbrei. Im Folgenden einige Beispiele, die immer funktionieren:

Erzählen Sie zum Beispiel aus Ihrer Kindheit! Wenn Sie sich auf eine Stelle als Copywriter bewerben, könnte das folgendermaßen aussehen:

„Schon als Kind habe ich es geliebt, Geschichten zu erzählen und Menschen mit meinen Worten zu bewegen. Damals schrieb ich Geschichten für meine Eltern, heute für Internetauftritte, Werbeagenturen und Firmen. Andere Zielgruppe, gleiche Leidenschaft!"

So vermitteln sie in nur zweieinhalb Sätzen glaubhaft, dass Sie das Schreiben schon Ihr ganzes Leben lang begeistert. Ganz nebenbei stellen Sie auch noch einen Bezug zu Ihren Kindheitstagen her – das bringt Ihnen abermals einige Sympathiepunkte ein.

Einen selbstbewussten ersten Satz können Sie auch erreichen, wenn Sie ganz einfach die Stellenbeschreibung noch einmal nacherzählen: „Sie suchen einen redesicheren, kommunikativen und flexiblen PR-Manager...
...über diese Stellenausschreibung habe ich mich sehr gefreut. Schon seit sieben Jahren ..." Wenn Sie bereits vor der Bewerbung telefonisch mit dem Ansprechpartner gesprochen haben, können Sie den ersten Satz auch ideal dafür verwenden, noch einmal Ihren Dank auszusprechen:

„Ich möchte mich noch einmal herzlich für das angenehme Gespräch mit Ihnen bedanken. Wie ich Ihnen bereits telefonisch berichtet habe, bewerbe ich mich ..."

Perfekt geeignet! Meine ganz persönliche Empfehlung an Sie: Machen Sie eine besondere Errungenschaft des Unternehmens zum Thema Ihres ersten Satzes. Das könnte wie folgt aussehen:

„Ihr Unternehmen ist landesweit für innovative Lösungen im Bereich der E-Mobilität bekannt. Gerne möchte ich Teil Ihres Teams werden." Sicher ist Ihnen aufgefallen, dass Sie für letzteres Beispiel etwas Unternehmensrecherche betreiben müssen, was ich Ihnen ohnehin empfehle.

Denn so finden sich oft noch interessante Aspekte, mit denen Sie Ihr Anschreiben anreichern können. Informieren Sie sich etwa über aktuelle Projekte, relevante personelle Entwicklungen und über die Philosophie des Unternehmens.

So überzeugen Sie Personalentscheider

Die Anrede und der erste Satz sind geschafft. Nun widmen wir uns den verbleibenden Absätzen Ihres Anschreibens. Wie bereits erklärt, geht es hier im Wesentlichen darum, Ihren Wert für das Unternehmen zu kommunizieren.

Das machen Sie am besten, indem Sie Ihre eigenen Kompetenzen unterstreichen – unter Bezugnahme auf die Anforderungen des Unternehmens.

Erinnern wir uns an die Notizen, die Sie vorhin gemacht haben.
Sehen Sie sich nun noch einmal an, welche Stärken Sie sich selbst zugeschrieben haben. Wichtig ist, dass Sie diese im Anschreiben unterbringen – aber nicht irgendwie.

Schreiben Sie nämlich so etwas wie „Ich bin ein Teamplayer und gewissenhaft. Deswegen wäre ich der richtige für die Stelle.“, sind Sie schneller aus dem Rennen, als Sie es sich vorstellen können.

Schreiben Sie Ihre Kompetenzen nämlich eine nach der anderen einfach nieder, sieht das sehr nach Textbausteinen aus und wirkt einfallslos, möglicherweise auch nach einer recht großzügigen Auslegung der Wahrheit – nicht aber nach einem innovativen Bewerber mit den richtigen Fähigkeiten.

Sie sollen Ihre Kompetenzen auf jeden Fall zum Besten geben, allerdings müssen Sie darauf achten, bereits im Anschreiben auch Belege für diese zu nennen.

Das könnte konkret folgendermaßen klingen: „Meine Teamfähigkeit konnte ich bereits in Projektarbeit x und meiner Hospitation bei Unternehmen x unter Beweis stellen …"

Ein anderes Beispiel: „Als angehender Journalist zeichne ich mich durch meine hohe Flexibilität aus. Bei meinem Zeitungspraktikum bin ich so immer gern auch auf Themenvorschläge der Chefredaktion aus Bereichen eingegangen, die mir zuerst fremd waren."

Sie sehen: Dadurch, dass Sie Ihre Kompetenzen mit eigenen Errungenschaften aus Ihrer beruflichen Vergangenheit unterfüttern, wirken diese um ein Vielfaches glaubwürdiger und eindringlicher.

Ich brauche Ihnen nicht extra erklären, dass sich die Angaben in Ihrem Anschreiben unbedingt mit Ihrem Lebenslauf decken sollten. Erzählen Sie von einer Position, die in Ihrem CV gar nicht auftaucht, haben Sie schlechte Karten.

Dabei müssen Sie unbedingt realistisch bleiben. Wenn Sie im Anschreiben anscheinend Leitungsaufgaben übernommen haben, Sie laut Lebenslauf aber nur Buchhalter waren, sieht es ebenso schlecht aus. Seien Sie ehrlich und realistisch!

Sehen Sie sich nun nochmals die Notizen zur zweiten Frage an, welche ich Ihnen am Anfang gestellt hatte. Es geht nun darum, dem Arbeitgeber zu vermitteln, warum Ihre Spezialisierung perfekt für die Stelle ist.

Dazu ist es ratsam, noch einmal genauestens die Stellenausschreibung unter die Lupe zu nehmen und Ihre potenziellen zukünftigen Tätigkeiten zu studieren. Erklären Sie dem Personaler nun, wie Sie Ihre Fähigkeiten bei der neuen Stelle einbringen können.

Das könnte dann zum Beispiel so aussehen: „Es wäre mir eine Freude, meine didaktischen Fähigkeiten aus drei Jahren Lehrtätigkeit bei der Weiterbildung Ihres Teams einzusetzen.", oder auch so: „Als Tochter eines deutsch-britischen Vaters und einer französischen Mutter bin ich mit drei verschiedenen Sprachen aufgewachsen. Für Ihre geplante Expansion nach Kanada ist dies bestimmt äußerst nutzbringend.“

Auch hier wird übrigens wieder deutlich, warum eine ausführliche Unternehmensrecherche eine Goldgrube für Ihre Bewerbung ist.

Auch können Sie, sofern Ihre potenzielle neue Stelle das zulässt, schon in Aussicht stellen, wie Sie den Unternehmensbereich weiterentwickeln möchten, welche Veränderungen Sie anstoßen wollen oder welche Schwerpunkte Sie sich im neuen Job setzen wollen:

„Ich freue mich darauf mit meiner mehr als zehnjährigen Erfahrung im Kundenkontakt und gemeinsam mit Ihrem Team einen Beitrag zu neuen Strategien im Bereich der Kundenzufriedenheit zu leisten.“

So werden Personaler Sie als ambitionierte und tatkräftige Arbeitskraft wahrnehmen. Schließlich machen Sie sich schon vor der Anstellung Gedanken darüber, wie genau Sie das Unternehmen voranbringen können.

Auch hier gilt natürlich: Bleiben Sie sachlich. Sie wollen nicht als Märchenerzähler, sondern als Vordenker wahrgenommen werden!

So etwas sollten Sie allerdings nur einbauen, wenn die Stellenausschreibung bereits auf die Notwendigkeit innovativer Ideen hinweist oder der Betrieb sich als innovatives Unternehmen sieht. Bei Unternehmen die viel Wert auf Ihre Tradition legen, könnten Sie sonst schnell arrogant wirken.

Selbstverständlich handelt es sich hier lediglich um Beispiele – Ihr berufliches Metier mag ganz anders aussehen, trotzdem bleibt das Prinzip das gleiche:

Die eigenen Stärken betonen und einen Bezug zu den Problemen beziehungsweise Herausforderungen Ihres potenziellen neuen Arbeitgebers herstellen!

Fassen wir also noch einmal zusammen: Ihr erster Satz soll neugierig machen, die Aufmerksamkeit der Personaler auf sich ziehen und die Frage nach Ihrer

Motivation beantworten. Der erste Satz muss allerdings nicht unbedingt exakt EIN Satz sein.

Anschließend folgt die „Selbstvermarktung“. Sie stellen Ihre ganz persönlichen Stärken dar und – ganz wichtig – belegen diese. Also nicht nur ein „Ich bin kommunikativ“, sondern „Als langjähriges Mitglied des Bereiches Kundenzufriedenheit konnte ich meine Kommunikationsfähigkeiten weiterentwickeln.“

Sie dürfen hier übrigens gern auf mehrere Ihrer Soft Skills eingehen, die Ihnen für die Stelle passend erscheinen. Nur über eine Ihrer Stärken zu sprechen, wäre etwas zu dünn. Wichtig bleibt dabei immer: Belegen Sie Ihre Fähigkeiten!

Geben Sie dem Unternehmen nun einen guten Grund, gerade Sie als neuen Mitarbeiter einzustellen. Seien Sie dabei realistisch und thematisieren Sie das Problem beziehungsweise die Herausforderung des Betriebes. Bieten Sie sich als Lösung für die bestimmte Herausforderung an!

Wunderbar! Mit diesem Wissen wird es Ihnen ein leichtes sein, einen überzeugenden und stichhaltigen Mittelteil für Ihr Anschreiben zu verfassen! Nun geht es darum, wie Sie mindestens ein genauso gutes Ende für Ihren Text finden.

Der krönende Abschluss

Auf den Schreibtischen der Personaler landen tagtäglich Schlussfloskeln wie „Ich würde mich sehr über eine Rückmeldung von Ihnen freuen“, „Wenn Ihnen meine Bewerbung gefallen haben sollte, wäre ich über ein persönliches Gespräch sehr froh“ oder „Ich wäre Ihnen dankbar, wenn ich Ihnen meine Motivation noch einmal persönlich erläutern dürfte“.

Fällt Ihnen etwas auf? All diese Negativ-Beispiele beinhalten mindestens einen Konjunktiv – also „wäre“, „dürfte“, „würde“. Vermeiden Sie Formulierungen wie diese, denn Sie schreien förmlich nach Bedürftigkeit.

Konjunktiv-Formulierungen wirken wie ein Akt der Verzweiflung – so, als würden Sie den Personaler anbetteln, Ihnen einen Job zu geben. Und das hat im Endeffekt eines zur Folge: Sie verkaufen sich unter Wert.

Gehen Sie also am Ende Ihr Anschreiben noch einmal durch und überprüfen Sie es auf solche Konjunktiv-Formulierungen. Das gilt nicht nur für den Schlussteil Ihres Anschreibens. Streichen Sie alle derartigen Passagen, die Sie finden!

Wenn Ihr Text dann seltsam klingt, versuchen Sie, eine andere Formulierung zu finden. Sie werden sehen, dass Ihr Anschreiben dadurch viel entschlossener und selbstsicherer erscheint.

Aber wie soll man den Schluss des Anschreibens dann formulieren? Wie wäre es mit einem kurzen und knackigen „Ich sehe Ihrer positiven Rückmeldung mit Freude entgegen“?

Klingt für Sie viel zu überheblich? Betrachten Sie das ganz von der anderen Seite. Freuen Sie sich denn wirklich über eine negative Rückmeldung? Natürlich nicht.
Das machen Sie mit solch einem Schlusssatz auch dem Personaler klar und das spielt Ihnen ungemein in die Karten. Der Personaler wird Sie als selbstbewusst wahrnehmen und dieses Selbstbewusstsein mit der Eignung für den Job in Verbindung setzen.

Wunderbar ist es auch, wenn Sie von dem Unternehmensbezug zum Schlusssatz überleiten. Erinnern wir uns nochmal an das obige Beispiel:

„Ich freue mich darauf, mit meiner mehr als zehnjährigen Erfahrung im Kundenkontakt und gemeinsam mit Ihrem Team einen Beitrag zu neuen Strategien im Bereich der Kundenzufriedenheit zu leisten.“

Hier könnten Sie als Schlusssatz zum Beispiel schreiben: „Dazu habe ich bereits einige Konzepte angerissen, welche ich Ihnen sehr gern in einem persönlichen Gespräch vorstelle. Ich freue mich auf Ihre baldige Rückmeldung.“

Sie können dem Personaler auch – sofern Sie sich dessen sicher sind – bereits ein konkretes Eintrittsdatum nennen. „Ich kann Ihnen bereits meinen Einstieg zum 1. Februar zusichern falls es Ihrerseits noch Fragen gibt, bin ich gern für ein persönliches Gespräch bereit." So zeigen Sie den Personalentscheidern nochmals, dass Sie sich Ihrer Sache absolut sicher sind.

Verbinden Sie also Ihren letzten Satz immer mit dem (versteckten) Appell an Ihren potenziellen Arbeitgeber, Sie zum Bewerbungsgespräch einzuladen. Dass wird Ihre Quote, tatsächlich zum Interview eingeladen zu werden, drastisch steigern!

Dramaturgisch ist Ihr Text am besten aufgebaut, wenn Sie – wie im obigen Beispiel – eine Überleitung von Unternehmensbezug zu Ihrem Schlusssatz einbauen.

Falls Sie für Ihren Schlusssatz noch etwas Inspiration benötigen habe ich Ihnen im Folgenden noch einige Formulierungen aufgelistet, die wirklich immer möglich sind:

- Ich sehe einer positiven Nachricht von Ihnen mit Freude entgegen.
- Ich freue mich darauf, engagiert und motiviert zum Erfolg des Unternehmens beizutragen und bin gespannt auf Ihre Rückmeldung!
- Gern überzeuge ich Sie auch persönlich von meinen Fähigkeiten.
- Ich bin der festen Überzeugung, die Arbeit Ihrer Kollegen optimal zu ergänzen und freue mich bereits auf ein persönliches Gespräch zum Kennenlernen.
- Ich freue mich auf Ihre positive Rückmeldung.
- Wenn ich Sie überzeugt habe, freue ich mich sehr auf eine Gelegenheit, mich persönlich bei Ihnen vorzustellen.
- Wenn Sie meine Spezialisierung interessiert, freue ich mich sehr auf einen Vorschlag für einen Termin zum persönlichen Kennenlernen.

All diese Beispiele haben drei Dinge gemeinsam: Sie sind positiv und selbstbewusst formuliert und appellieren an den Personaler, Sie einzuladen. Sie sollten Ihre Schlusssätze stets darauf überprüfen, ob Sie diese Kriterien erfüllen.

Achten Sie, wenn Sie sich einem der obigen Beispiele bedienen, aber auch darauf, dass Ihr Anschreiben immer noch schlüssig und kalibriert ist. Damit will ich sagen: Schreiben Sie den Mittelteil Ihres Anschreibens durchweg zurückhaltend, ist ein Schlusssatz wie der vierte auf der Liste zu intensiv.

Andererseits würde es auch nicht passen, wenn Sie einem mit viel Pathos und Motivation verfassten Anschreiben einen Schlusssatz wie das fünfte Beispiel in der Liste anschließen.

Achten Sie also darauf, dass Ihr Anschreiben in einem einheitlichen Stil verfasst ist. Personaler haben nämlich einen äußerst feinen Riecher für Textbaustein-Bewerbungen.

Wenn in der Stellenausschreibung nach der Angabe einer Gehaltsvorstellung gefragt wurde – und wirklich nur dann – können Sie auch von hieraus auf Ihren Schlusssatz überleiten.

Nach dem letzten Satz folgt nun gezwungenermaßen noch eine Grußformel. Hier können Sie zwischen freundlichen, herzlichen und besten Grüßen aussuchen.

Abermals empfiehlt es sich, gut über Ihren potenziellen Arbeitgeber Bescheid zu wissen – bei einem eher konservativen Unternehmen bleiben Sie nämlich lieber bei freundlichen Grüßen, bei eher neumodischen und innovativen Unternehmen können Sie auch gern mit herzlichen oder besten Grüßen verbleiben. Zum Schluss noch einige Ratschläge: Achten Sie unbedingt auf grammatikalische Korrektheit. Nichts ist peinlicher als Schreibfehler in Ihrem Anschreiben.

Selbst, wenn Sie Probleme mit der Rechtschreibung haben sollten – lassen Sie sich das nicht anmerken. Zumindest nicht in Ihrer Bewerbung.

Heutzutage gibt es vielerlei kostenfreie Dienste wie den Mentor von Duden (mentor.duden.de) oder languagetool.org, mit denen Sie per Kopieren und Einfügen ganz einfach Ihren Text auf Fehler prüfen können.

Selbst, wenn Sie also dazu neigen, hin und wieder Fehler zu machen – es gibt keinen Grund, die Personaler darauf aufmerksam zu machen.

Wenn Ihnen auffällt, dass Sie ein bestimmtes Wort in Ihrem Anschreiben zu oft verwenden, sodass Ihr Text nicht gut klingt, ist es überdies eine äußerst kluge Idee, nach alternativ verwendbaren Wörtern Ausschau zu halten.

In Websites wie openthesaurus.de oder synonyme.woxikon.de können Sie kinderleicht nach Synonyma suchen.

Am besten können Sie den Klang Ihres Anschreibens überprüfen, indem Sie es sich selbst vorlesen. Dabei werden Sie schnell merken, wenn gewisse Worte in Ihrem Text inflationär auftauchen.

Bei dieser Gelegenheit können Sie ebenso überprüfen, ob Ihnen der Text leicht von der Zunge geht, oder ob sich die Formulierungen holprig anhören oder Ihr Anschreiben unter „Substantiviritis" leidet – Sie also krampfhaft nominalisieren.

Einem nach einem Lexikon klingenden Anschreiben können Sie mit der letzten Methode sehr wirksam vorbeugen. Denn Ihr Text soll sich schließlich auch nach Ihnen anhören.

Wenn Sie sich Ihren Text laut vorlesen, können Sie auch überprüfen, wie oft Sie von sich selbst sprechen und wie oft Sie den Empfänger ansprechen. Beides sollte sich in etwa in Waage halten.
Schließlich wollen Sie auf keinen Fall zu ich-fixiert erscheinen. Immerhin soll das Unternehmen ja Sie einstellen und nicht umgekehrt.

Beim Verfassen Ihres Anschreibens sollten Sie außerdem immer nach dem Grundsatz „Qualität vor Quantität" arbeiten. Nichts ist für die Entscheidungsträger unangenehmer, als ein mit bloßen Worthülsen gefülltes dreiseitiges Motivationsschreiben zu lesen.

Bleiben Sie bei Ihrem Anschreiben außerdem immer bei einer oder maximal eineinhalb Seiten. Es sei denn, es wird ausdrücklich nach einer bestimmten

Länge des Anschreibens verlangt. Damit tun Sie sowohl den Personalern als auch Ihren eigenen beruflichen Perspektiven einen Riesengefallen!

Achten Sie immer auf eine logische Struktur! Sie können aber gern Ihre eigene Motivation, das Selbstmarketing und den Unternehmensbezug vertauschen, wenn Sie der Meinung sind, dass Ihr Text dadurch besser wirkt.

Wenn Sie aber nach Ihrer Gehaltsvorstellung, die Sie wie erwähnt nur auf ausdrücklichen Wunsch angeben, etwa noch eine weitere Ihrer Stärken nachschieben, zeigt das dem Personaler, dass Sie alles andere als gut im logischen Strukturieren sind.

Umso schwerwiegender ist es natürlich, wenn Sie das Verfassen von Texten in Ihrem Anschreiben als besondere Stärke hervorheben!

Eventuell sind Sie auch in einer Anstellung in einem anderen Unternehmen, sprich: Sie haben vor, zu wechseln. Auf jenen Wechsel sollten Sie in Ihrem Lebenslauf auf jeden Fall eingehen. Allerdings gibt es hier einige Fallen, auf die Sie als Bewerber achten sollten.

Was sagen Sie Ihrem Arbeitgeber etwa, wenn Sie sich bei Ihrem alten Arbeitsplatz zu Tode gelangweilt haben und aus diesem Grund nach einer neuen Beschäftigung Ausschau halten?

Vielleicht, dass Sie nach „neuen Herausforderungen“ suchen? Wenn dies Ihr erster Gedanke war – versetzen Sie sich bitte in die Lage des Personalers.

Fällt Ihnen etwas auf? Genau! Der Personaler ist förmlich dazu gezwungen, Ihr Bewerberprofil zumindest mit ein bisschen Misstrauen zu betrachten, denn es verheißt Ihm, dass Sie auf der Suche nach „neuen Herausforderungen“ auch sein Unternehmen irgendwann verlassen werden.

Stattdessen sollten Sie versuchen, Ihren Jobwechsel konsequent positiv zu formulieren. Machen Sie das zum Beispiel folgendermaßen: „Die ausgeschriebene Stelle erlaubt mir, meine Fähigkeit x noch stärker auszuarbeiten und einzusetzen."

Erwähnen Sie auch auf keinen Fall, wenn Sie an Ihrem vorherigen Arbeitsplatz mit der Firmenleitung oder den Kollegen unzufrieden waren und aus diesem Grunde ein neues Arbeitsumfeld suchen. Das wiederum verheißt dem Arbeitgeber, dass Sie sich nicht in ein Team einfügen können.

Andere Wechselgründe wie die familiäre Situation oder der Wunsch nach einem weniger ortsgebundenen Arbeitslatz sind übrigens komplett berechtigt. Das können Sie dann ruhig auch genauso schreiben.

Mit diesem Wissensschatz sollte es Ihnen in Zukunft ein Leichtes sein, ein perfektes Anschreiben zu schreiben und die Personaler neugierig zu machen.

Probieren Sie die Strategien am allerbesten baldmöglichst aus – ich verspreche Ihnen: Die Wahrscheinlichkeit, dass Sie eine positive Rückmeldung erhalten, wird immens steigen!

Sehr gute Anschreiben ...

- **... haben einen ersten Satz, der auf Sie aufmerksam macht**
- **... belegen Ihre Kompetenzen anhand konkreter Beispiele**
- **... verknüpfen persönliche Ziele mit denen der Firma**
- **... vermeiden Konjunktiv-Formulierungen**

Der Lebenslauf - das Herzstück Ihrer Bewerbung

Bravo! Das Anschreiben, und damit der Eye Catcher, wenn es um Ihre Bewerbung geht, sollte für Sie kein Problem mehr darstellen. Im Folgenden geht es jetzt um Ihr Curriculum Vitae, kurz CV – Ihren Lebenslauf!

Das CV listet Ihre persönlichen Daten und antichronologisch Ihre beruflichen Stationen auf. In der Regel wird er tabellarisch angefertigt – deswegen werden auch wir uns mit der Erstellung des tabellarischen Lebenslaufes befassen.

Die Personaler können mit einem kurzen Blick auf Ihr CV einen ziemlich beachtlichen Teil Ihres Lebens sehen – dem sollten Sie sich immer bewusst sein. Erwähnen Sie also in Ihrem Anschreiben keine beruflichen Etappen, die Sie mit Ihrem CV nicht belegen können.

Wie ist ein Lbeneslauf überhaupt aufgebaut? Worauf sollten Sie bei dessen Erstellung achten und welche Fehler unter allen Umständen vermeiden?

Aufbau und Gestaltung

Beim CV stehen Ihnen weitaus mehr Gestaltungsmöglichkeiten offen als beim Anschreiben. Wichtig ist, dass Sie Ihn mit einer Überschrift versehen, zum Beispiel einfach „Lebenslauf" oder „CV".

Oder Sie nutzen Ihren Namen, zum Beispiel „Max Mustermann" als Überschrift – dann sollte sich allerdings noch ein Vermerk, dass es sich um Ihren Lebenslauf handelt, darunter oder darüber befinden.

Bei der Überschrift orientieren Sie sich an der Betreffzeile Ihres Anschreibens. Am besten verwenden Sie die gleiche Schriftart, gleiche Größe und gleiche Farbe.

Darauf sollten Sie übrigens beim gesamten CV achten. Verwenden Sie für Zwischenüberschriften im Lebenslauf die gleiche Schriftart wie für dessen Hauptüberschrift. Für den Inhalt verwenden Sie – da ein CV in der Regel kein Fließtext ist – ebenso eine serifenlose Schriftart.

Diese sollte optisch der Textkörper-Schrift aus Ihrem Anschreiben ähneln – nur eben serifenlos sein. Eventuell eignet sich als Schriftart für den CV-Inhalt die Schriftart, die Sie für die Überschriften gewählt haben (natürlich in kleinerer Schriftgröße).

Beim CV haben Sie viel mehr Gestaltungsmöglichkeiten und damit die Möglichkeit bei der Gestaltung auf das Corporate Design des Unternehmens einzugehen.

Gestaltung des Lebenslaufes

- **Verwenden Sie maximal 2 verschiedene Schriftarten**
- **Lassen Sie oben und unten je 3 und links und rechts 2 cm Rand**
- **Nutzen Sie denselben Kolorit wie im Anschreiben**
- **Überschriften serifenlos, Textkörper mit Serifen**

Bei der Anordnung der Elemente Ihres CV haben Sie relativ viel Freiheit. Sie können zum Beispiel entscheiden, ob er ein- oder zweispaltig sein soll. Im Gegensatz zum Anschreiben darf er auch gern zwei Seiten lang sein.

Sie sollten einen einzeiligen Zeilenabstand und sowohl links als auch rechts circa zwei Zentimeter Rand lassen. Unten wie oben gelten circa drei Zentimeter Seitenrand als Standard.

Essentiell ist aber, dass sich ein Abschnitt für Ihre „Berufliche Laufbahn", einer für „Persönliche Daten", einer für Ihre „Ausbildung" sowie ein Abschnitt für „Kenntnisse und Fähigkeiten" in Ihrem Lebenslauf befinden.
Die Abschnitte können Sie auch anders nennen. „Ausbildung" können Sie als Schüler auch „Schullaufbahn" nennen, „Berufliche Laufbahn" ebenso auch „Berufsweg".

Der erste Abschnitt ist meist der, welcher die persönlichen Informationen enthält. Hier werden nochmals Ihr Name, Ihr Geburtsdatum und -ort, Ihre Telefonnummer sowie Ihre Wohn- und E-Mail-Adresse angegeben. Die Namen Ihrer Eltern oder Ihren Familienstand anzugeben, ist heute übrigens nicht mehr üblich.

Danach sollte der Abschnitt „Berufliche Erfahrung" folgen. Damit stellen Sie Ihr professionelles Leben konsequent in den Vordergrund.

Wichtig ist, dass Sie Ihre Stationen nun nicht chronologisch, also den ältesten ehemaligen Arbeitgeber zuerst, sondern antichronologisch auflisten. Ihr aktueller Arbeitgeber steht also ganz oben in der Liste.

Kurz und würzig: Ihre berufliche Laufbahn

Sie sollten bei jeder Station den Arbeitgeber, Ihre Position, den Zeitraum, in dem Sie angestellt waren sowie eine kurze Tätigkeitsbeschreibung in Stichpunkten einfügen.

Am besten ist, wenn Sie bei der Tätigkeitsbeschreibung drei Spiegelstriche nicht überschreiten, auch sollten Sie pro Spiegelstrich höchstens fünf Wörter schreiben. Der CV ist kein Roman, sondern eine kurze Zusammenfassung Ihrer Stationen.

Durch die Kürze darf Ihr Lebenslauf aber auf keinen Fall an Würze verlieren. Schreiben Sie als Tätigkeitsbeschreibung auf keinen Fall zu vage, man könnte sonst auf den Gedanken kommen, Sie würden unscharf schreiben, um zu verschleiern, dass Sie in einem bestimmten Bereich eigentlich nicht viel Ahnung haben.

Schreiben Sie also als Tätigkeitsbeschreibung nicht einfach „Projektmanagement“, sondern zum Beispiel von „Erfahrungen im agilen Projektmanagement (Scrum)“. So sind Ihre Tätigkeitszusammenfassungen nicht nur kurz, sondern auch prägnant!

Achten Sie auch darauf, dass die Tätigkeitsbeschreibungen mit dem Anforderungsprofil der neuen potenziellen Stelle zusammenpassen. Wenn Sie mal Koch waren, sich aber auf eine Stelle als Projektmanager bewerben, ist es nicht schlau, in Ihrem CV Ihre Kochkünste hervorzuheben.

Hier sollten Sie eher die Koordination von anderen Küchenmitarbeitern, welche Leitungserfahrung belegt, in den Vordergrund stellen. Oder, dass Sie den Haushalt des Restaurants gemanagt haben. Dies würde Ihnen zum Beispiel ein gewisses Verwaltungs- und Organisationstalent belegen.

Es soll also in Ihrem Lebenslauf so aussehen, als sei Ihre Bewerbung auf den Posten die logische Konsequenz aus Ihren vorherigen Stationen, die Personaler sollen den Eindruck erhalten, Ihre alten Jobs seien die perfekte Vorbereitung auf Ihre potenzielle neue Stelle gewesen (auch, wenn Sie vorher auf einem ganz anderen Gebiet tätig waren). Dies ist der berühmte „rote Faden“.

Die Tätigkeitsbeschreibung ist übrigens nur für die letzten drei Stationen relevant, alle vorherigen Arbeitsplätze können Sie einfach auflisten, ohne genau zu verschriftlichen, was Sie in dem Tätigkeitsfeld den ganzen Tag über gemacht haben.

Wenn Sie das Gefühl haben, es befindet sich eine zu beachtliche Anzahl an beruflichen Stationen in Ihrem CV, denken Sie noch einmal nach – vielleicht können Sie weit zurückliegende Stationen aus Ihrem Lebenslauf streichen. Wenn Sie sich für eine Führungsposition bewerben, ist das Schülerpraktikum aus der neunten Klasse vermutlich zu vernachlässigen.

Auf keinen Fall sollten Sie aber den Zeilenabstand reduzieren oder die Seitenränder kürzen, nur um unbedingt alles auf eine Seite schreiben zu können. Das wirkt äußerst unelegant und unübersichtlich. Sie zerstören sich auf diese Weise die wichtige Eye-Catcher-Funktion, die Ihr CV im Idealfall haben sollte.

Auch können Sie bei vielen Stationen einige Tätigkeitsbeschreibungen wegkürzen. Das verbessert für die Personaler den Lesefluss und lässt Ihren beruflichen Weg einheitlicher wirken.

Wenn Sie sich bei einem Unternehmen bewerben, bei welchem Sie vor langer Zeit bereits gearbeitet haben, gilt das natürlich nicht. Hier sollten Sie die Station, wie alt sie auch ist, immer erwähnen.

Berufliche Stationen im CV angeben:

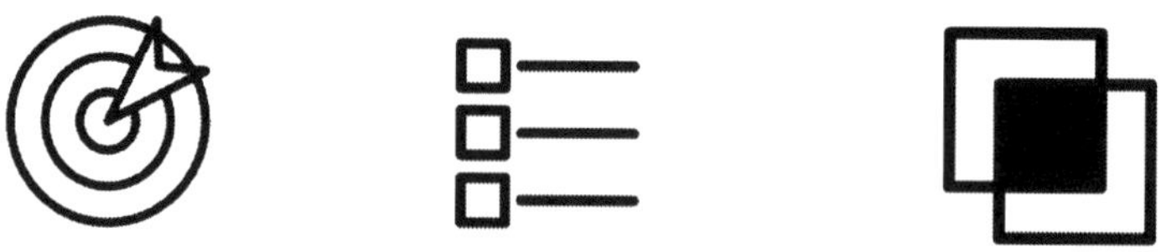

Präzise und pointiert | **Kurz und bündig** | **Schnittmengen mit Anzeige finden**

Schule und Ausbildung

Kommen Sie gerade aus der Schule, denken Sie daran, im Abschnitt „Ausbildung“ nur Ihre weiterführende, nicht aber Ihre Grundschule anzugeben.

Das hat den einfachen Grund, dass Sie in der Grundschule keinen Abschluss machen – und, dass für eine Sekundarschule wie ein Gymnasium oder eine Gesamt- beziehungsweise Realschule der vorherige Besuch einer Grundschule ohnehin zwingend nötig ist.

Dass Sie das Abitur bestanden haben, sollten Sie ohne Hochschulabschluss auf jeden Fall angeben – die konkrete Note allerdings nur, wenn Sie einen Schnitt von mindestens 2,0 erreicht haben.

Wenn Sie bereits einen Universitätsabschluss in der Tasche haben, steht es Ihnen auch offen, den Schulabschluss ganz aus Ihrem Lebenslauf zu tilgen.

Was für den Abschnitt „Berufliche Laufbahn" gilt, gilt ebenso für den Abschnitt „Ausbildung". Wenn Sie gerade etwa im Master-Studium sind und sich bewerben, nennen Sie Ihren aktuellen Studiengang zuerst, anschließend Ihr Bachelor-Programm und danach die Schule, an der Sie Ihren Schulabschluss gemacht haben. Auch hier gilt also das Gebot der Antichronologie.

„Kenntnisse und Fähigkeiten" optimal nutzen

In „Kenntnisse und Fähigkeiten" sollten Sie etwa Ihre Fremdsprachenkenntnisse, Errungenschaften wie Wettbewerbe, die Sie gewonnen haben, und auch Hard Skills wie PC-Kenntnisse angeben.

Wichtig: Soft Skills wie Selbstständigkeit, Leitungserfahrung oder Teamfähigkeit haben in Ihrem CV nichts verloren. Hier listen Sie nur handfeste Kenntnisse wie Sprach- oder sonstige Fähigkeiten auf. Am allerbesten ist es, wenn Sie diese auch belegen können. Etwa durch Sprachzertifikate oder Weiterbildungsbescheinigungen im Bereich EDV.

Ob Sie Hobbys angeben sollten oder nicht bleibt Ihnen überlassen. Diesbezüglich sollten Sie sich ein genaues Bild vom Arbeitgeber machen. Ist dieser eher konservativ oder kreativ? Wie stark haben Ihre persönlichen Hobbys mit der zukünftigen Stelle zu tun? Wägen Sie gründlich ab.

Mit Extremsportarten wie Bungee-Jumping oder Fallschirmspringen beziehungsweise Kampfsportarten wie dem Boxen sollten Sie im CV zurückhaltend sein. Schließlich will der potenzielle neue Arbeitgeber Sie als Arbeitskraft ja auch noch lange Zeit zur Verfügung haben.

Übrigens: Haben Sie sich im Vorhinein online über Ihren Ansprechpartner informiert und erfahren, dass Sie zufälligerweise ein ähnliches oder gar dasselbe Hobby haben, sollten Sie im CV selbstverständlich darauf hinweisen. Das bringt Ihnen Sympathiepunkte ein!

Wichtig ist aber, dass Sie diesem Hobby im echten Leben dann auch tatsächlich nachgehen – wenn Ihre vermeintliche Gemeinsamkeit mit dem Personaler beim Job-Interview zum Smalltalk-Thema wird, Sie in Ihrer Freizeit aber etwas ganz anderes machen, kann das sehr unangenehm werden.

Noch viel früher können Ihnen Lücken in Ihrem Lebenslauf zum Verhängnis werden. Darum im Folgenden einige Strategien, aus Ihrem Lebenslauf das Beste aus Phasen zu machen, in denen Sie nicht angestellt waren.

Mut zur Lücke - vom Umgang mit Gletscherspalten im Lebenslauf

Was das alles mit Gletscherspalten zu tun hat? Sind jene Risse im Eis klar sichtbar, können Wanderer und Skifahrer einfach einen großen Bogen um sie machen.

Bei starkem Schneefall kommt es hingegen nicht selten vor, dass eine unglückliche Seele mit dem Helikopter geborgen werden muss, weil sie sich – mangels Sichtbarkeit der Eis-Kluft – nicht mehr auf, sondern plötzlich in dem Gletscher befindet.

Tückisch werden Gletscherspalten also erst, wenn Mutter Natur sie mit Schnee verdeckt und genauso ist es mit Lücken im Lebenslauf. Gehen Sie ehrlich und transparent damit um, haben Sie die besten Chancen.

Versuchen Sie, sie zu verstecken oder zu verheimlichen, werden die Personaler misstrauisch und auch Sie laufen Gefahr, in die (metaphorische) Bewerbungs-Gletscherspalte zu fallen – Ihre Bewerbung landet auf dem Absage-Stapel.

Wenn Sie sich das erste Mal in ein Beschäftigungsverhältnis zu begeben versuchen – also Berufseinsteiger sind – nimmt Ihnen kein Personaler eine Lücke zwischen Ihrer Schulzeit und dem Antritt bei der potenziellen neuen Stelle übel!

Auch eine Umorientierung während des Studiengangs, etwa, weil Sie doch etwas anderes machen wollten, ist kein Problem.

Sehr effektiv ist es aber in beiden Fällen, die beschäftigungslose Zeit zu füllen. Das kann eine Fortbildung oder ein Sprachkurs sein –im Idealfall fügt sich dies in irgendeiner Form in Ihren roten Faden ein.

Damit will ich sagen, dass Sie nicht unbedingt eine Weiterbildung im Bereich Malerei angeben sollten, wenn bei Ihnen etwa eine Lücke zwischen einem Jura- und einem Volkswirtschaft-Studium besteht.

Wenn Sie tatsächlich mal eine längere Zeit arbeitslos gewesen sind, gilt auch hier – das Beste ist die Flucht nach vorn! Formulieren Sie Ihre Arbeitslosigkeit positiv.

Sprechen Sie lieber von „Arbeit suchend“ oder von „Neuorientierungsphase“ statt von „arbeitslos“. Das macht deutlich, dass Sie sich aktiv um eine neue Stelle bemühen und lässt Sie eine ganze Ecke selbstbewusster erscheinen.

Lücken-Management im CV

Sagen Sie immer die Wahrheit

Formulieren Sie Lücken positiv

Schließen Sie, wenn möglich Fortbildungen ab

Sollten Sie arbeitsuchend gewesen sein, empfehlt es sich hier besonders, konsequent alle Maßnahmen aufzulisten, welche Sie während dieser Phase durchlaufen haben – von Weiterbildungen, über geringfügige Beschäftigungen bis hin zu Minijobs.

Es ist entscheidend, dass Sie dem Personaler glaubhaft vermitteln, dass Sie weiterhin alles dafür geben, wieder in ein Beschäftigungsverhältnis zu kommen und nicht etwa auf der faulen Haut liegen.
In jedem Fall gilt es, alle Formen von Verschleierung, Auslassung oder Beschönigung zu vermeiden. Das fällt beim Vorstellungsgespräch sehr schnell auf und kann Ihrer Glaubwürdigkeit schaden. Sollten Sie sogar Falschangaben machen, kann dies später zur Anfechtung Ihres Arbeitsvertrages führen.

Ein weiteres Problem, mit dem sich zahlreiche Bewerber umherschlagen, sind Lücken durch Kündigungen. Solange eine Kündigung nicht selbstverschuldet ist, sondern zum Beispiel durch Liquidierung des Unternehmens zustande gekommen ist, sollten Sie aber auch hiermit vollkommen offen umgehen.

Komplizierter wird es, wenn Sie selbst für Ihre Kündigung verantwortlich waren. In diesem Fall dürfen Sie aber ebenso – so verlockend es auch sein mag – nicht lügen! Fügen Sie in Ihrem CV einfach den Vermerk „Kündigung“ bei der entsprechenden Position hinzu. Kurz und schmerzlos.

Rechnen Sie damit, dass der Personaler darauf noch einmal zu sprechen kommt. Aber immerhin sagen Sie so die Wahrheit und müssen sich im Gespräch nicht lange rechtfertigen. Das würde Sie als Bewerber nämlich in einem noch viel schlechteren Licht dastehen lassen und Ihre Chancen immens schmälern.

Von allen Abschnitten sollten Sie „Berufliche Laufbahn“ am meisten Platz einräumen. Verwenden Sie hierfür 50 bis 60 Prozent des Platzes, für Ihre Ausbildung ca. 20 Prozent. Der Rest kann und sollte kürzer gehalten werden.

Ich fasse noch einmal zusammen: Ihr Lebenslauf soll kurz und knackig von Ihrem bisherigen beruflichen Leben und den damit verbundenen Errungenschaften überzeugen.

Bei Ihrem CV gehen Sie einerseits auf Ihren Berufsweg, Ihre Ausbildung und Ihre Kenntnisse und Fähigkeiten ein. Außerdem fassen Sie hier Ihre persönlichen Informationen zusammen.

Der Lebenslauf muss ebenso bündig wie aussagekräftig sein. Versuchen Sie also, Ihr Berufsleben entsprechend folgendem Grundsatz aufzulisten: So wenig Zeilen wie möglich und so viele Zeilen wie nötig.
Verwenden Sie keine Worthülsen, sondern geben Sie Ihre Berufserfahrung – zugeschnitten auf die Anforderungen Ihres potenziellen neuen Arbeitgebers – stets genau und spezifisch an.

Ihre Berufserfahrung sollte mit etwa zwei Dritteln den größten Teil Ihres CV einnehmen, danach folgen Ausbildung, Kenntnisse und Fähigkeiten sowie Ihre persönlichen Daten.

Mit Lücken im Lebenslauf sollten Sie transparent umgehen. Stehen Sie dazu und verheimlichen Sie die Diskontinuität in Ihrem Lebenslauf nicht.

Formulieren Sie Lücken im Lebenslauf aber gleichzeitig positiv, machen Sie den Personalern bewusst, dass Sie trotz einer Phase der Nicht-Beschäftigung voller Tatendrang, Selbstbewusstsein und Engagement sind.

Gewichtung Ihrer CV-Abschnitte

Nehmen Sie sich beim Verfassen Ihrer künftigen Lebensläufe diesen Leitfaden vor, steht Ihrem perfekten CV rein gar nichts mehr im Wege. Auf diese Weise werden Sie sich den Personalentscheidern so erfolgreich präsentieren können wie noch nie!

Doch legen Sie das Buch nun noch keineswegs zur Seite – denn im Folgenden habe ich für Sie noch einige ausgezeichnete Tipps, mit denen Sie Ihrer Bewerbung den letzten Schliff geben!

12 weitere Profitipps für Ihren Bewerbungserfolg

Sie haben sich auf den vorherigen Seiten dieses Buches nun ausführliches Wissen für selbstbewusste, stringente und bestechende Bewerbungen angeeignet – Ihrem nächsten Vorstellungsgespräch steht damit nichts mehr im Wege. Herzlichen Glückwunsch!

Waren die vergangenen Kapitel der Tortenboden der Bewerbung, widmen wir uns nun noch dem Sahnehäubchen. Genau genommen gleich zwölf Sahnehäubchen – also Anregungen, mit denen Sie Ihrer Bewerbung die Endpolitur geben!

Mithilfe der folgenden Tipps werden Sie sich garantiert von den anderen Bewerbern abheben, einen bestechenden Eindruck hinterlassen und das volle Interesse der Personaler auf sich ziehen.

1. Fügen Sie Bewerbungsunterlagen zusammen und achten Sie auf deren Reihenfolge: Jeder Personalentscheider wird Ihnen dankbar sein, wenn Sie ihm nicht zehn verschiedene Dokumente, sondern Ihre gesamte Bewerbung in einer Datei zukommen lassen.

Das spart dem Personaler wertvolle Zeit, denn er braucht nur einmal – und nicht zehnmal – auf die „Drucken"-Taste klicken. So werden Sie auch gleich als Bewerber mit hohem Grad an Organisationstalent wahrgenommen.

Senden Sie die Bewerbung außerdem als PDF und nicht etwa als Word- oder Pages-Datei. Bei Letzteren sind Formatierungsfehler vorprogrammiert. Um Ihre Dateien umzuwandeln, stehen Ihnen Programme sowie kostenlose Onlinedienste zur Verfügung.

Auf der Seite www.online2pdf.com können Sie Ihre verschiedenen Dokumente per Drag and Drop hochladen, ins richtige Dateiformat konvertieren, in die richtige Reihenfolge bringen und alles zusammen als eine einzige Datei herunterladen.

Die richtige Reihenfolge ist übrigens genau dieselbe, wie bei einer analogen Bewerbung. Zuerst kommt Ihr Anschreiben, anschließend der Lebenslauf und zu guter Letzt folgen alle Zeugnisse, Bescheinigungen oder Referenzen.

2. Vermeiden Sie unnötige Formulierungen: Nicht selten bekommen Personaler Formulierungen wie „Bitte vertraulich behandeln" am Ende einer Bewerbung zu lesen. Auf solche Formulierungen können – und sollten – Sie getrost verzichten.

Für einen Personalentscheider ist es das Normalste der Welt, Ihre Bewerbung als vertrauliches Schriftstück zu behandeln. Oder waren Sie etwa davon ausgegangen, dass er Ihr Anschreiben ohne entsprechende Notiz wie Martin Luther an die nächstgelegene Kirche nageln würde?

Phrasen wie „Wie Sie meinem Lebenslauf entnehmen können …" sollten Sie sich ebenso sparen.

Denn Ihr CV sehen sich die Personaler sowieso an. Sollten Sie sich dabei ertappen, derartige Formulierungen zu verwenden, sollten Sie noch einmal genau überprüfen, ob Sie gerade vielleicht Ihren Lebenslauf nacherzählen.

Das ist nämlich nicht Sinn des Anschreibens, in dem es vielmehr um Ihre Persönlichkeit und Ihren Mehrwert für das Unternehmen geht.

Überprüfen Sie also Ihre Bewerbung noch einmal gründlich auf unnötige Floskeln, Phrasen oder auch zu triviale (unbelegte) Fähigkeiten wie Teamfähigkeit, Innovativität oder Kommunikationsfähigkeit.

3. Senden Sie Ihre Bewerbung nur zu bestimmten Zeiten: Optimal ist es, wenn Sie Ihre Bewerbung tagsüber absenden. Bis spätestens Mitternacht ist es auch noch in Ordnung. Nach null Uhr könnten Sie aber einen unorganisierten Eindruck machen.

Auch an besonderen Feiertagen wie Weihnachten oder Silvester sollten Sie Ihre Bewerbung nicht absenden. Schließlich haben Sie ja auch noch ein Privatleben – geben Sie dem Personaler keine Gelegenheit, daran zu zweifeln. Das könnte sich für Sie negativ auswirken.

4. Verwenden Sie eine repräsentative E-Mail-Adresse: Repräsentativ bedeutet in diesem Fall, dass Sie keine langen Zahlenkombinationen, Spitz- oder Fantasienamen oder gar kryptische E-Mail-Adressen verwenden sollten.

Die Adresse soll also einer professionellen Bewerbung angemessen sein und nicht auf „Geheimbrief" oder gar die Intimitäten Ihres Privatlebens schließen lassen.

Wenn Sie über keine E-Mail-Adresse mit Ihrem Klarnamen verfügen, sollten Sie sich unbedingt eine solche erstellen. Das ist für den Personaler am einfachsten, lässt nicht an Ihrer Zuverlässigkeit zweifeln und hält für Sie die besten Chancen auf eine Antwort bereit.

5. Verwenden Sie einen konkreten E-Mail-Betreff: Betreffe wie „Bewerbung" oder „Anschreiben" sollten Sie vermeiden. Sie können sich stattdessen einfach an der Überschrift beziehungsweise dem Betreff aus Ihrem Anschreiben orientieren.

Da dieser oft etwas lang ist, ein E-Mail-Betreff aber recht prägnant sein sollte, können Sie diesen kürzen.

Steht auf Ihrem Anschreiben als Betreff etwa „Bewerbung auf die Stelle als Projekt-Manager; Referenznummer 112233", können Sie in der E-Mail daraus schlicht „Bewerbung Projekt-Manager" machen.

6. Achten Sie auf die Dateigröße Ihres Anhangs: Auch hier könnte man Ihnen mangelnde Organisation oder einen Mangel am Blick für das Wesentliche vorwerfen. Als Richtwert gelten 5 Megabyte – größer sollte Ihr Anhang nicht sein.

Wenn Ihre Bewerbungsdatei diese Dateigröße am Ende dennoch überschreitet, können Sie auf einen kostenlosen Online-Dienst wie smallpdf.com zurückgreifen, mit dem Sie Ihre PDF-Datei komprimieren und so bis zu 90 Prozent der Dateigröße einsparen können. Keine Sorge: Qualitativ leidet Ihre Datei nicht darunter.

7. Kommen Sie persönlich vorbei: Dies ist ein echter Profi-Tipp. Warum statten Sie Ihrem potenziellen neuen Arbeitgeber nicht im Vorhinein unangemeldet mal einen Besuch ab?

Mit Glück hat ein zuständiger Mitarbeiter Zeit und kann Ihnen bereits Fragen zu der Stelle beantworten. In der Bewerbung können Sie dann wieder auf diese Begegnung zurückkommen.

Selbst, wenn Sie nur den Sekretär sprechen können – man wird die Personalabteilung in jedem Fall über Ihren Besuch informieren und das spielt Ihnen in die Karten.

Schließlich zeigt das, dass Sie als Bewerber die Extrameile gehen, sich gründlich über den neuen Arbeitgeber informieren und – vor allem – nicht kontaktscheu sind. Selbstverständlich sollten Sie sich auf dieses Treffen vorbereiten und gepflegt in Erscheinung treten.

8. Nutzen Sie eine Referenz: Eine Referenz ist, wenn richtig genutzt, ein mächtiges Werkzeug, um Ihren Wert als Bewerber zu steigern. Am besten bitten Sie einen ehemaligen Vorgesetzten, früheren Professor (für Schüler auch deren Lehrer) oder eine sonstige Person, die Ihnen vorgesetzt war, Ihnen ein solches Schreiben aufzusetzen.

Eine Referenz ist ideal, um sich seine Kernkompetenzen von einer Person bestätigen zu lassen, die Sie aus nächster Nähe beim Arbeiten erlebt hat.

Das Beste daran: Eine Referenz können Sie im Gegensatz zu einem Empfehlungsschreiben jeder Ihrer Bewerbungen beilegen. Es besitzt Allgemeingültigkeit.

9. Benutzen Sie ein Postskriptum am Ende des Anschreibens: Dies lässt Ihre Bewerbung ein wenig kreativer erscheinen. Sie können es zum Beispiel nutzen, um auf Ihre eigene Website, Ihre Telefonnummer oder ähnliches zu verweisen.

Wenn Sie etwas machen wollen, was sonst kein Bewerber macht, können Sie im Postskriptum auch einen kleinen Cliffhanger verstecken: „PS: Sie möchten wissen, wie ich in meinem alten Betrieb letztes Jahr das ‚Projekt-Schiff' vor dem Kentern bewahrt habe? Dann werfen Sie doch einen Blick auf meine angefügte Projektliste."

Lassen Sie sich etwas einfallen! Denn eins steht fest – das Postskriptum wird mit fast hundertprozentiger Wahrscheinlichkeit gelesen …

10. Seien Sie präsent im Internet: Heutzutage wird der Bewerbungsprozess immer digitalisierter. Personaler werden mit ziemlicher Sicherheit auch nach Ihrem Namen im Internet suchen.

Mit anstößigen, intimen oder einfach privaten Fotos, die Sie ins Internet stellen, sollten Sie daher besonders vorsichtig sein. Mit etwas Pech und je nach Foto landen Sie dann nämlich direkt auf dem „Absage"-Stapel. Achten Sie also darauf, was Sie online von sich preisgeben.

Sie können das Internet aber auch zu Ihrer Waffe machen. Erstellen Sie sich zum Beispiel ein aussagekräftiges Geschäftsprofil auf Business-Seiten wie XING oder LinkedIn und aktualisieren Sie es regelmäßig. Damit können Sie Ihr Bewerberprofil und Ihre Fähigkeiten wirksam unterstreichen.

Wenn Sie den Entscheidungsträgern einen noch genaueren Einblick über Ihr Hobby oder Ihre Freizeitbeschäftigung geben wollen, können Sie darüber nachdenken, einen eigenen Blog zu schreiben.

11. Bewerben Sie sich digital: Dieser Ratschlag ist nicht allgemeingültig, denn es gibt noch immer viele Unternehmen, die auf eine klassische Papier- oder E-Mail-Bewerbung bestehen. Gleichzeitig gilt aber auch, was ich Ihnen im vorherigen Ratschlag nähergebracht habe: Das Internet wird für Bewerbungen immer wichtiger.

Es kommt seit einigen Jahren – insbesondere in der Kreativ- und IT-Branche – immer häufiger vor, dass Bewerber eine Website mit Bewerbung und Motivationsschreiben aufsetzen.

Sieht Ihre Bewerbungs-Internetpräsenz dann auch noch nach etwas mehr als Website-Baukasten und HTML-Grundkenntnissen aus, können Sie mit einer solchen Seite ganz gewaltig Eindruck machen.

Wenn Sie sich nicht sicher sind, ob eine Online-Bewerbung erwünscht oder eher nicht vorteilhaft ist, erkunden Sie sich am besten im Voraus telefonisch.

Selbst, wenn Ihnen dann nahegelegt wird, sich lediglich klassisch zu bewerben, beweisen Sie damit Einsatzbereitschaft und Flexibilität. Alternativ können Sie auf der Papier-Bewerbung einfach auf Ihre Website verweisen. Dann bleibt es den Personalern überlassen, ob sie auf diese einen Blick werfen oder nicht.

12. Kürzen Sie Ihren zweiten Vornamen ab: Auch diesen Tipp können Sie sich leider nur zunutze machen, wenn Sie mit einem zweiten Vornamen gesegnet sind.

In zahlreichen Studien, unter anderem von der University of Southampton, wurde nämlich bewiesen, dass ein zweiter Vorname, den Sie in Anschreiben und Lebenslauf abkürzen, Sie wesentlich intelligenter und fachkundiger erscheinen lässt – das ist kein Scherz.

Wenn Sie also einen zweiten Vornamen haben, bewerben Sie sich nicht einfach als „Anna Müller“ oder „Anna Rebecca Müller“, sondern als Anna R. Müller“.

Selbst, wenn Sie über keinen zweiten Vornamen verfügen, vielleicht nutzen Sie ja diesen zugegebenermaßen etwas kuriosen Fakt im gemeinsamen Smalltalk mit dem Personaler!

Wie Sie Wartezeiten optimal überbrücken und für sich nutzen

Die Bewerbung ist versendet oder im Briefkasten! Damit beginnt für einen Großteil der Bewerber eine Phase voller Unsicherheit, Ungeduld und Selbstzweifel.

Hat man bereits einige Absagen bekommen, werden die Zweifel immer lauter und es kann zu einer negativen Gedankenschleife kommen.

Im schlimmsten Fall steigern Sie sich dermaßen in dieses selbstzerstörerische Kopfkino hinein, dass Sie am Ende fest davon überzeugt sind, dass positive Rückmeldungen unmöglich sind. Doch erinnern Sie sich daran, wie wichtig ein positiver Mindset für Ihren Bewerbungsprozess ist.

Im Folgenden werde ich Ihnen einige Methoden vorstellen, mit denen Sie diese Wartezeiten deutlich erträglicher machen können.

Außerdem zeige ich Ihnen eine Taktik, mit der Sie Wartezeiten von Anfang an vermeiden können. Ich nenne sie die Frequenz-Strategie.

Wie Sie Ruhe bewahren

Als ersten Schritt sollten Sie Ihr Mindset überprüfen. Einer der Gründe, warum sich Bewerber regelmäßig die Zähne darüber zerbeißen, warum noch immer keine Antwort einging, ist, dass Sie zu sehr in die Rolle des Bittstellers schlüpfen! Ganz nach dem Motto: Ich brauche diesen Job wirklich dringend, warum kommt denn nur keine Antwort?

Genauso wie diese Mentalität Ihrem Anschreiben schadet, hat es auch während der Phase des Wartens eine geradezu selbstzerstörerische Wirkung. Denn jene Gedanken knabbern an Ihrer Motivation für künftige Bewerbungen sowie

Ihrem Selbstbewusstsein. Machen Sie sich daher immer bewusst: Dass Sie lange warten müssen, hat NIE mit Ihnen persönlich zu tun.

Machen Sie sich Ihre persönlichen Stärken noch einmal bewusst, welchen wir im ersten Abschnitt dieses Buches auf den Grund gegangen sind.

Vielleicht haben die Personaler momentan einfach überdurchschnittlich viel zu tun – zum Beispiel, weil sich mehr Bewerber als erwartet gemeldet haben oder es gab einen Krankheitsfall.

Im allerschlimmsten Fall hat ein anderer Bewerber einfach eine bessere Bewerbung eingereicht und Sie erhalten deswegen keine Rückmeldung. Das heißt aber erstens noch lange nicht, dass Ihre Bewerbung schlecht war. Zweitens hätte dies rein gar nichts mit Ihnen als Person zu tun – schließlich kennen die Personaler Sie ja überhaupt nicht.

Telefonisch nachfassen

Um im Fall einer „stummen Absage" dennoch Klarheit zu schaffen ist es durchaus legitim, bei der betreffenden Firma nachzufragen.

Dies will aber bestens überlegt und geplant sein. Aufgrund von Ungeduld und Verzweiflung greifen Bewerber oft zum Hörer und rufen ohne Vorbereitung und zum falschen Zeitpunkt beim Unternehmen an.

Was dabei meist folgt, sind Herumgestammel, sehr viele „Ähhs", und manchmal sogar Vorwürfe und Anschuldigungen.

Beherrschen Sie sich also und hüten Sie sich vor solchen Affekthandlungen. Sie hinterlassen bei Ihrem potenziellen Arbeitgeber auf diese Weise nämlich in so gut wie jedem Fall einen schlechten Eindruck – mit Pech werden Sie direkt ausgesiebt. Bevor nicht mindestens drei, besser noch vier Wochen vergangen sind, sollten Sie ohnehin nicht nachfragen, sondern sich in Geduld üben.

Rufen Sie schon vorher beim Unternehmen an, könnte Ihnen dies als mangelhaftes Planungsvermögen oder gar als Versuch Druck auszuüben ausgelegt werden.

Wenn diese 21 bis 28 Tage aber vergangen sind und Sie trotzdem noch keine Rückmeldung erhalten haben, steht es Ihnen offen, einmal beim Unternehmen nachzufragen. Dies erledigen Sie im besten Fall telefonisch!

Sollten Sie Vorbehalte haben ist das ganz natürlich. Persönlich mit einem Mitarbeiter der Firma zu sprechen kann sehr nervenaufreibend sein. Was ist, wenn Sie sich versprechen oder den Faden verlieren?

Trotzdem bietet ein telefonisches Gespräch einige entscheidende Vorteile. So erhalten Sie von Ihrem Gesprächspartner im besten Fall unmittelbar die Antwort auf die Frage nach dem Status Ihrer Bewerbung, im schlimmsten Fall werden Sie noch ein oder zweimal durchgestellt und sind dann schlauer.

Bei einer E-Mail kann es gern schon mal den einen oder anderen Tag dauern, bis eine Antwort eintrifft.

Außerdem liefern Sie den Personalern auf der anderen Seite der Leitung den ultimativen Beweis für Ihre Kontaktfreudigkeit, Ihr Kommunikationstalent und Ihre Freundlichkeit. Natürlich nur, wenn Sie das Gespräch auch gut meistern – also schnell zum Punkt kommen, alle für die Bewerbung relevanten Informationen parat haben, höflich sind und sich keinen Fauxpas erlauben.

Dafür eignet es sich ideal, vor dem Gespräch ein Skript vorzubereiten. Dies kann ein ganz normales A4-Blatt sein, auf dem Sie sich alles stichpunkthaft notieren, was Sie sagen möchten, beziehungsweise alles, was im Gespräch noch von Wichtigkeit sein kann.

Das sollten etwa der Name des Ansprechpartners, die Stelle sowie deren Referenznummer und Ihr Terminkalender sein. Warum Terminkalender?

Sie sollten auch darauf vorbereitet sein, unmittelbar am Telefon zum Bewerbungsgespräch eingeladen zu werden. Manchmal kommt es vor, dass die Rückmeldung schon versendet wurde, Sie aber noch nicht bei Ihnen angekommen ist. In diesem Fall ist es äußerst vorteilhaft, wenn Sie Ihrem Gesprächspartner unmittelbar eine Zusage geben können und nicht später noch einmal anrufen müssen.

Wenn es Ihnen schwerfällt, Gespräche am Telefon zu führen oder Sie im Allgemeinen noch nicht so gut frei sprechen können, sollten Sie sich die Worte exakt aufschrieben, welche Sie der Person auf der anderen Seite der Leitung sagen wollen.

Hier gilt es, die Etikette zu wahren. Also sachlich, freundlich und verständnisvoll nachzufassen und nicht ausfallend, unhöflich oder vorwurfsvoll zu werden.

Im Folgenden habe ich Ihnen einige Negativbeispiele für Formulierungen zum Nachfragen aufgelistet. Diese oder ähnliche Formulierungen sollten Sie am besten schleunigst aus Ihrem Kopf streichen. Kommen Sie gar nicht erst auf die Idee, der Person auf der anderen Seite der Leitung einen solchen Satz an den Kopf zu werfen:

- Guten Tag Herr Mustermann, ich wollte mich nach dem Status meiner Bewerbung erkundigen. Ich habe mich vor vier Wochen beworben und nun immer noch keine Rückmeldung erhalten … Ich muss ja schließlich auch eine Grundlage zur Planung haben!
- Hallo Frau Musterfrau, ich möchte noch einmal wegen meiner Bewerbung vom 1. Dezember nachfragen. Sie wollten mir doch schon bis vor einer Woche eine Rückmeldung gegeben haben. Warum kam da noch nichts?
- Hallo Herr Mustermann, ich möchte Sie noch einmal an meine Bewerbung auf die Stelle x erinnern. Ich habe einige andere verheißungsvolle Angebote. Deswegen wäre es für beide Seiten besser, ich erhielte bald eine Rückmeldung.

Vielleicht sehen Sie es schon. All diese Beispiel wirken entweder deprimiert und chancenlos, anklagend oder nötigend.

Im ersten Beispiel macht der Bewerber dem Gesprächspartner Vorwürfe. Keine gute Charaktereigenschaft für einen potenziellen neuen Arbeitnehmer.

Im zweiten Beispiel strahlt der Bewerber gegenüber der anderen Seite starke Bedürftigkeit aus. Bei den Personalern kommt dann an: Dieser Bewerber befindet sich in Anbetracht seines verzweifelten Anrufs in einer instabilen Lebenssituation und hat ergo seine Zukunftsplanung nicht im Griff.

Im dritten Beispiel hat der Bewerber gar schon erpresserische Züge. Er versucht, gegenüber dem Unternehmen Druck aufzubauen, indem er andeutet, dass er auch für andere Firmen ein attraktiver Arbeitnehmer wäre und auch andere Bewerbungen verfasst hat.

Auch wenn es grundsätzlich eine gute Strategie ist, mehrgleisig zu fahren, sollten Sie dies nicht als Mittel nutzen, um Ihren potenziellen Arbeitgeber zu einer Antwort zu zwingen. Denn das wirkt überheblich und schlicht unsympathisch – und veranlasst die Entscheidungsträger mit ziemlicher Sicherheit dazu, Sie als Bewerber zu disqualifizieren.

Nun wissen Sie ganz genau, wie man es nicht machen sollte. Aber wie denn dann? Im Folgenden habe ich einige Positivbeispiele aufgelistet. Diese können Sie beim Nachfragen am Telefon ohne Vorbehalte verwenden:

- Guten Tag Frau Musterfrau, Sie haben bestimmt noch viel zu tun, deswegen will ich direkt zur Sache kommen. Ich hatte mich vor einiger Zeit auf die Stelle x beworben und wollte mich eben nach dem Status der Bewerbung erkundigen.
- Hallo Herr Mustermann, ich hatte mich am 3. September auf die Stelle x beworben. Ich möchte gern in Erfahrung bringen, ob es bezüglich der Bewerbung schon Neuigkeiten gibt beziehungsweise wann in etwa ich mit einer Rückmeldung rechnen kann.
- Guten Tag Frau Musterfrau, ich hatte mich vor geraumer Zeit auf die Stelle x beworben. Ich möchte nur eben sichergehen, dass alle Dokumente und Unterlagen bei Ihnen angekommen sind.

Das letzte Beispiel ist mit Abstand mein Favorit. Denn auch, wenn alle der obigen Beispiele unaufdringlich, höflich und selbstbewusst sind – Nummer drei ist definitiv am elegantesten. Sie fragen nämlich gar nicht erst nach dem Stand der Bewerbung, sondern nur danach, ob bei der Übermittlung alles funktioniert hat.

So geben Sie dem Personaler gar nicht erst die Chance zu denken, Sie seien ungeduldig oder verzweifelt. Im Gegenteil: Sie strahlen mit dieser Formulierung Organisationstalent und Zuverlässigkeit aus. Schließlich signalisieren Sie, dass Sie alles sehr genau nehmen, wenn es um Ihre berufliche Zukunft geht.

Den Wink mit dem Zaunpfahl, also, dass Sie in Wirklichkeit gern mehr über den Status Ihrer Bewerbung erfahren möchten, nimmt Ihr Gesprächspartner trotzdem wahr.

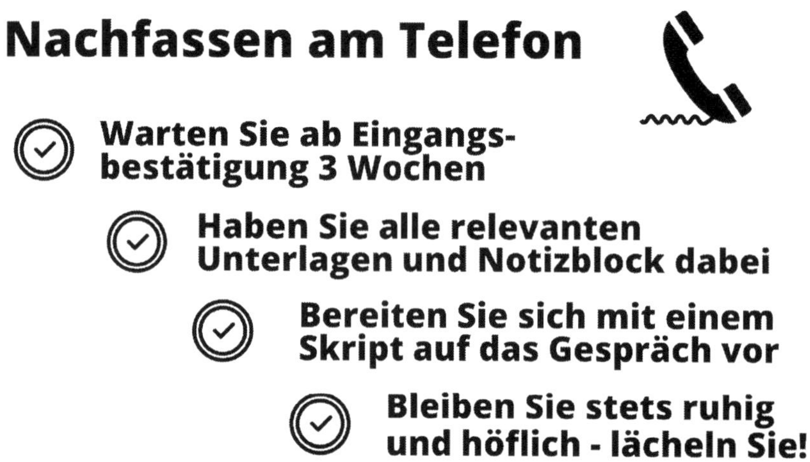

Am Telefon gibt es nun drei Möglichkeiten. Erstens: Sie ziehen das Glückslos und man bietet Ihnen telefonisch direkt ein Job-Interview an. Für diesen Fall sollten Sie, wie erwähnt, immer Ihren Terminkalender in der Nähe haben.

Wichtig: Stimmen Sie dem ersten Datum, welches der Personaler Ihnen vorschlägt, vor lauter Euphorie nicht direkt zu.

Verweisen Sie darauf, dass Sie erst in Ihren Kalender schauen müssen und tun Sie dies dann auch wirklich. Nichts ist peinlicher, als wie aus der Pistole geschossen zuzusagen und dann später doch wieder absagen zu müssen.

Ohnehin wird es Ihrem Gesprächspartner seltsam erscheinen, wenn Sie ohne Bedenkzeit dem Termin direkt zustimmen.

Zweite Möglichkeit: Ihr Gesprächspartner verweist auf einen Zeitraum, in dem Sie mit einer Rückmeldung rechnen können. Je nachdem, wie konkret der genannte Zeitraum ist, sollten Sie sich auch hier einen Vermerk in Ihrem Kalender machen.

Denn auf diese Weise sind Sie vorbereitet und können, wenn die Antwort des Arbeitgebers dann eintrifft, unmittelbar antworten – und so erneut Punkte durch den Ersten Eindruck sammeln.

Drittens: Der Personaler kann oder möchte Ihnen noch keinen konkreten Zeitpunkt für eine Rückmeldung geben und vertröstet Sie auf später.

Das klingt am Telefon dann meist folgendermaßen: „Ihre Bewerbung ist noch in der Prüfung" beziehungsweise „Wir sind noch bei der Bearbeitung Ihrer Unterlagen".

In Fall zwei und drei gilt abermals: Abwarten (und Tee trinken)! Als Faustregel können Sie sich merken: Wenn nach Ihrem Telefonat keine Rückmeldung eingeht, wartet man drei Wochen bis zur neuen Kontaktaufnahme. Sie wollen schließlich keinen aufdringlichen Eindruck hinterlassen.

Nachfragen per E-Mail

Beim zweiten Mal sollten Sie als Medium zum Nachfragen den elektronischen Weg wählen. Während dies bei der ersten Kontaktaufnahme unangebracht wäre – da für die Personalentscheider die Beantwortung einer E-Mail in der Regel mit wesentlich mehr Aufwand verbunden ist als ein einfaches Telefonat – dürfen Sie Ihr Anliegen beim zweiten Nachfassen auch gern schriftlich formulieren.

Schließlich haben Sie bereits angerufen, aber trotzdem noch keine Rückmeldung erhalten. Auch hier sollten Sie aber unter allen Umständen höflich bleiben und keine Vorwürfe oder ähnliches einbauen – auch, wenn Ihr Frust über eine so lange Zeit ohne Rückmeldung durchaus verständlich ist.

Gleichzeitig sollten Sie Ihre E-Mail aber auch mit subtilem Nachdruck formulieren. Sie möchten schließlich auch verdeutlichen, dass Sie gern endlich eine Antwort hätten.
Zwischen Unhöflichkeit und Vermittlung der Dringlichkeit Ihres Anliegens liegt oft nur ein schmaler Grat. Den müssen Sie bei Ihrer E-Mail auf jeden Fall treffen.

Um Ihnen das Aufsetzen dieses Schreibens zu vereinfachen, habe ich Ihnen im Folgenden auch hier wieder einige Beispiele aufgelistet, von denen Sie sich inspirieren lassen können:

Sehr geehrte Frau Musterfrau,
Ich bedanke mich noch einmal herzlich für das freundliche Gespräch mit Herrn …/ Frau …/Ihnen am 1. Juni. Am 1. Mai hatte ich mich auf die Stelle x (Referenznummer x) beworben. Ich kann gut nachvollziehen, dass die Prüfung der Unterlagen viel Zeit in Anspruch nimmt. Mein Interesse an der Stelle x ist nach wie vor groß, aus diesem Grund möchte ich mich hier noch einmal erkundigen, bis wann ich einer Rückmeldung Ihrerseits entgegensehen kann.

Ich bedanke mich für Ihre Mühe.
Mit freundlichen Grüßen

Mit einer solchen E-Mail können Sie ideal den Druck auf die Personalverantwortlichen erhöhen, bleiben aber trotzdem sachlich und freundlich. Sie bedanken sich erst für das Gespräch, hiermit verweisen Sie nochmals darauf, dass Sie bereits Kontakt zum Unternehmen aufgenommen haben.

Sie drücken außerdem Verständnis für die viele Arbeit der Personaler aus. Gleichzeitig fragen Sie bestimmt und mit Nachdruck, bis wann Sie mit einer Antwort rechnen können. Alternativ fahren Sie auch mit folgendem Entwurf gut:

Sehr geehrter Herr Mustermann,
Danke für das freundliche Telefonat mit Herrn …/Frau …/Ihnen am 23. Februar. Da ich an der Stelle x in Ihrem Unternehmen, auf die ich mich am 7. Januar beworben hatte, nach wie vor großes Interesse habe, möchte ich mich auf diesem Wege danach erkundigen, wann ich mit einer Rückmeldung rechnen kann. Sollten bei der Prüfung meiner Unterlagen Fragen entstanden sein, können Sie mich gerne telefonisch unter 0179 … erreichen.

Ich bedanke mich schon jetzt für Ihre Mühe und verbleibe
Mit besten Grüßen

Letzteres Beispiel ist dem ersten Text in seiner Struktur recht ähnlich. Hier hinterlässt der Bewerber dem Unternehmen aber noch seine Telefonnummer.

Damit appelliert er einerseits indirekt, dass das Unternehmen ihm bald antworten möge. Auf der anderen Seite signalisiert er Transparenz und Kommunikationsstärke – Eigenschaften, die Ihnen als Bewerber sehr in die Karten spielen.

Fassen wir also nochmals zusammen: Wenn die Bewerbung versendet ist, gilt es, Ihre Geduld zu wahren.

Es gibt hunderte von absolut trivialen Gründen, wegen denen die Rückmeldung noch auf sich warten lässt. Zweifeln Sie nicht an sich selbst, Ihrer Bewerbung oder gar Ihren Fähigkeiten. Versuchen Sie, sich zu entspannen.

Wenn nach mindestens drei, besser aber vier Wochen immer noch keine Antwort eingetroffen ist, dürfen Sie gern zum Hörer greifen und sich telefonisch nach dem aktuellen Stand Ihrer Bewerbung erkundigen.

Schreiben Sie sich davor alle relevanten Daten auf und notieren Sie sich, was Sie sagen wollen – so sind Sie auf das Gespräch ideal vorbereitet.

Wichtig: Wenn Sie zum ersten Mal nachfragen, sollten Sie dies in jedem Fall telefonisch tun. Das bietet Ihnen nicht nur viele Vorteile – wie eine oft unmittelbare Antwort und einen guten Eindruck beim Unternehmen. Sie ersparen den Personalern so auch unnötige Arbeit. Jene werden es Ihnen danken. Schreiben Sie also nicht aus Bequemlichkeit zuerst eine E-Mail.

Für den Fall, dass sich während des Telefonats Neuigkeiten ergeben, sollten Sie immer Ihren Terminkalender beziehungsweise einen Zettel für Notizen bereithalten.

Wenn drei Wochen nach dem Telefonat noch immer keine Antwort eingetroffen ist, ist es legitim, nochmals per E-Mail nachzufragen. Verweisen Sie hier auf das vorherige Telefonat, drücken Sie Ihr Verständnis für die lange Wartezeit aus (auch, wenn Sie in Wirklichkeit gar keines haben) und hinterlassen Sie am besten auch nochmals Ihre Kontaktinformationen.

Seien Sie – egal, ob in Ihrem Mail-Schreiben oder am Telefon – immer und ausnahmslos höflich und sachlich, nie aber vorwurfsvoll, nötigend oder verzweifelt.

Kommen Sie schnell zum Punkt und reden Sie nicht lange um den sprichwörtlichen heißen Brei. Sollte es Ihnen schwerfallen, bei einem solchen Telefonat ruhig zu bleiben, können Sie versuchen während des gesamten Telefonats zu lächeln. Sie werden überrascht sein, dass Sie sich automatisch viel besser fühlen.

Viel Aufwand, doch Sie werden sehen: Setzen Sie die Ratschläge aus diesem Abschnitt konsequent um, wird es Ihnen wesentlich leichter fallen, die nervtötende Zeit des Wartens zu ertragen.

Wie Sie Wartezeiten von vornherein vermeiden beziehungsweise drastisch einkürzen können, damit Ihnen vorbereitungsintensive Telefonate und das Feilen an E-Mails erspart bleibt, zeige ich Ihnen im Folgenden.

Mit meiner fünf Schritte umfassenden Matthias-Brandt-Strategie werden Sie auf dem Arbeitsmarkt vom Bittsteller zum heißbegehrten Bewerber!

Wie Sie Ihre Bewerbungseffizienz steigern:

1: Fertigen Sie einen Rohentwurf fürs Anschreiben an

2: Übernehmen Sie das Corporate Design des Unternehmens

3. Wählen Sie ein neutrales Bewerber-Foto

4. Haben Sie immer einen aktuellen CV in petto

5. Individualisieren Sie Ihre Bewerbungen

Nie mehr warten - Die Frequenz-Strategie

Mithilfe der Frequenz-Strategie können Sie nervige Wartezeiten umschiffen. Ich werde Ihnen zeigen, wie Sie erheblich mehr Bewerbungen in derselben Zeit schreiben können – ohne, dass diese dabei an Qualität einbüßen.

Durch die große Anzahl an Bewerbungen gelangen Sie in einen Zustand, in dem Sie zu so gut wie jeder Zeit ein Job-Interview am Haken haben.

Das Erfolgsprinzip basiert auf kinderleichter Mathematik. Nehmen wir an, die Wahrscheinlichkeit auf eine Bewerbung eine positive Rückmeldung zu erhalten, liegt bei 50 Prozent.

Wenn Sie jetzt nicht nur eine, sondern fünf Bewerbungen absenden, hat sich die Wahrscheinlichkeit, dass sich unter den Antworten eine Zusage befindet, erheblich gesteigert! Sie liegt dann bei fast 97 Prozent!

Mit der Methode, die ich Ihnen nun vorstellen möchte, machen Sie sich dieses einfache Gesetz der Stochastik zunutze – und erhalten eine positive Rückmeldung nach der anderen. Dadurch, dass Sie sich potenziellen Arbeitgebern in einem signifikant höheren Maß anbieten, besteht auch nicht mehr die Gefahr, dass ein Vakuum entsteht, bei dem Sie lange auf eine Antwort warten müssen.

Die Frequenz Strategie hilft Ihnen also dabei, durch Maximierung der Frequenz Ihrer Bewerbungen für Sie beruflich Tür um Tür zu öffnen!

Damit Sie diese Strategie gleich in die Tat umsetzen können, habe ich Sie in fünf leicht anzuwendende Schritte aufgeschlüsselt. Mein fiktiver Beispielbewerber ist der Programmierer Hans Landsberg.

Der Einfachheit halber werde ich ihn im Folgenden aber lediglich bei seinem ersten Vornamen nennen. Kommen wir nun zum ersten Schritt!

1. Verfassen Sie einen Rohentwurf für ein Anschreiben! Hierbei sollten Sie sich an der Methodik aus dem ersten Kapitel orientieren. Notieren Sie also erneut Ihre Stärken und formulieren Sie sie präzise aus.

Feilen Sie dann an ersten Sätzen, die Sie in Ihr Anschreiben unterbringen möchten. Ganz wichtig ist hierbei, dass diese Formulierungen vorerst allgemeingültig sind, also in der Branche universell anwendbar und nicht auf ein einziges Unternehmen zugeschnitten sind.
Im Falle von Hans Landsberg könnte ein erster Satz dann beispielsweise folgendermaßen aussehen:

„Ihre Stellenanzeige interessiert mich sehr, weil ich meine eingehenden und langjährigen Erfahrungen im Bereich der objektorientierten Programmierung in Java gern einsetzen und weiterentwickeln möchte."

Damit hat Herr Landsberg einen Allzwecksatz, den er nicht nur in einer Bewerbung, sondern in seiner ganz speziellen Branche als Allzweckwaffe einsetzen kann.

Sie sehen bereits, worauf es hinausläuft. Sie nutzen in Ihrem Rohentwurf möglichst viele Sätze, welche für möglichst viele Stellenanzeigen, die Ihrem Profil entsprechen, anwendbar sind.

Kompliziert wird dieses Prinzip nur dann, wenn es um den individuellen Unternehmensbezug geht. Aber auch hierfür gibt es eine Lösung und die nennt sich: Strategische Unschärfe! Was das bedeuten soll? Sie verwenden Formulierungen, die Ihr Interesse am Unternehmen bekunden, aber gleichzeitig so allgemein gehalten sind, dass sie für fast all Ihre Bewerbungen einsetzbar sind. Ein möglicher Satz für den Unternehmensbezug könnte dann etwa folgendermaßen aussehen:

„Ihren Online-Präsenzen habe ich entnommen, dass Sie in der Branche seit Jahren für herausragende Produkte/Dienstleistungen im Bereich x stehen und durch eine ausgezeichnete Kundenzufriedenheit geschätzt werden. Neben der interessanten Stellenanzeige hat mich dies darin bestärkt, Teil Ihres Teams werden zu wollen.“

Warum ist dieser Satz so genial? Er signalisiert, dass Sie sich vor der Bewerbung über das Unternehmen informiert haben und zeigt außerdem, dass Sie regelrecht dafür brennen, der Firma beizutreten. Sie haben also eine glaubhafte und wasserfeste Motivation.

Das Beste: Diesen Satz (oder in einer ähnlichen Form), in dem Sie den Unternehmensbezug darstellen, können Sie immer einsetzen – schließlich hat wirklich so gut wie jedes Unternehmen heutzutage eine Website beziehungsweise Social-Media-Kanäle.

Selbstverständlich wird in diesen auch für die Produkte beziehungsweise Leistungen der Firma geworben. In fast jedem Fall wird auch die Kundezufriedenheit hervorgehoben. Sie können mit einem Satz wie dem obigen also kaum etwas falsch machen. Zwei Dinge gilt es bei der oben vorgestellten Formulierung zu beachten:

Die „Produkte/Dienstleistungen“, die Sie herausragend finden, sollten Sie in zwei Worten zumindest noch kurz präzisieren. Ansonsten könnte man Ihre Bewerbung für nicht konkret genug und somit als nicht individuell verfasst wahrnehmen.

Wenn Sie sich bei Big Playern, also Unternehmen mit einer hohen Bekanntheit und einer großen Dominanz auf dem Markt, bewerben, sollten Sie den Verweis darauf streichen, dass Sie im Internet über dessen Errungenschaften erfahren haben.

Denn bei solchen Firmen wird oftmals erwartet, dass Sie schon vor der Bewerbung – wegen des hohen Bekanntheitsgrades – mit dem Unternehmen vertraut sind. Wägen Sie also ab. So könnte eine leicht abgewandelte Version aussehen: „Ihre Errungenschaften im Bereich x sind weithin – auch über die Branche x hinaus – bekannt. Kunden schätzen Sie für x und x.“

Selbstverständlich müssen Sie sich nicht auf das Merkmal Kundenzufriedenheit festlegen. Wahrscheinlich gibt es noch viele andere positive Merkmale, die für das Unternehmen sprechen. Auch sollten Sie aufpassen, in welchen Fällen Sie von Kunden sprechen. Bei einer Zeitungsredaktion würde es „Leser“ treffen, bei einer Anwaltskanzlei „Klienten“ oder „Mandanten“.

Grundsätzlich haben Sie mit diesen Formulierungen die geniale Möglichkeit, ohne aufwendige Recherche über die Firma den Unternehmensbezug auf beeindruckende Weise abzudecken – und das nicht für eine, sondern gleich für mehrere Bewerbungen auf einmal.

2. Färben Sie die fertige Bewerbung in den Farben des Corporate Designs des Unternehmens! Sehen Sie sich das Logo Ihres potenziellen Arbeitgebers beziehungsweise dessen Internetauftritt an – gibt es eine Farbe, die dominiert?

Oder schießt Ihnen sogar unmittelbar beim Gedanken an die Firma eine bestimmte Farbe in den Kopf? Bei der Deutschen Post wäre dies Gelb, bei Amazon Orange und bei Starbucks Grün.

Finden Sie also heraus, welche Farbe das Unternehmen prägt und nutzen Sie diese Farbe für Ihren Bewerbungserfolg. Stellen wir uns vor, Hans Landsberg bewirbt sich bei WhatsApp als Programmierer.

Würde er für seine Bewerbung nun gewöhnliche schwarze oder gar gelbe oder rote Schrift verwenden, würde er wichtige Punkte verspielen. Denn da die Farben Gelb, Rot oder Schwarz im Corporate Design des Unternehmens überhaupt nicht auftauchen, lässt ihn das gegenüber der Personaler unterbewusst als unternehmensfremd erscheinen.

Würde er die Überschriften seiner Bewerbung hingegen im knalligen WhatsApp-Grün färben, wäre das nicht nur ein Blickfang – er würde unterschwellig schon während des Bewerbungsprozesses mit dem Unternehmen assoziiert werden. Das vergrößert seine Chancen auf die Stelle signifikant. Sollten Sie also mehrere Bewerbungen gleichzeitig anfertigen: Nehmen Sie sich je Bewerbung fünf Minuten Zeit und denken Sie über die Färbung der Überschriften nach!

3. Wählen Sie ein neutrales Foto! Wie bereits im Abschnitt „Das Anschreiben – Ihre persönliche Visitenkarte“ angedeutet, sollten Sie für Ihre Bewerbungen ein neutrales Foto verwenden. Neutral heißt in diesem Fall, dass Sie sich am besten in weißem Hemd beziehungsweise weißer Bluse fotografieren lassen.

Das ist wichtig, damit nach der Editierung Ihrer Bewerbungen und bei der im vorherigen Schritt besprochenen Farbanpassung der Anschreiben alles zusammenpasst und die verschiedenen Farben nicht kontrahieren.

4. Haben Sie zu jedem Zeitpunkt einen aktuellen Lebenslauf in petto! Viele Bewerber machen sich selbst unnötig viel Arbeit, indem sie vor jeder Bewerbung einen neuen Lebenslauf verfassen.

Dabei ist es wesentlich klüger, den Lebenslauf immer schon parat zu haben und ihn einmal im Monat zu aktualisieren.

So haben Sie das Dokument mit Ausbildung, persönlichen Daten, Fähigkeiten sowie Ihren wichtigsten beruflichen Stationen immer verfügbar und müssen es nicht jedes Mal neu anfertigen.

Setzen Sie sich also am besten jeden Monat ein genaues Zeitfenster, in dem Sie sich eine Viertelstunde lang um Ihren Lebenslauf kümmern und ihn auf den neuen Stand bringen.

Wenn Sie dann eine neue Bewerbung verfassen, müssen Sie nun bestenfalls nur noch die Tätigkeitsbeschreibungen in Ihrem CV an das jeweilige Unternehmen beziehungsweise die Stellenanzeige(n) anpassen. Und voilà: Fertig ist ein vollwertiger Lebenslauf für Ihre Bewerbung(en).

Nun ist es noch wichtig, die Farbanpassung vorzunehmen. Auch sollten Sie, wenn Sie eine andere als gewöhnlich nutzen, die Schriftart anpassen.

5. Der Feinschliff! Nehmen Sie sich nun noch einmal den Rohentwurf Ihrer Bewerbung vor und denken Sie darüber nach, inwiefern Sie den einzelnen Anschreiben das letzte Tüpfelchen an Individualität verleihen können.

Hat Ihr Ziel-Unternehmen zum Beispiel ein Werbespruch oder ein Motto, welches sich kreativ in Ihre Bewerbung einbauen lässt? Finden Sie aktuelle Nachrichten – am besten positiv – über das Unternehmen, auf die sie sich in Ihrer Bewerbung beziehen können?

Gibt es ein bestimmtes Produkt oder eine Dienstleistung, welche/s für das Unternehmen maßgeblich ist? Womöglich können Sie auch dies in Ihr Anschreiben einbringen.

Dieser letzte Schritt ist von äußerster Wichtigkeit und trägt ganz besonders dazu bei, dass die Frequenz-Strategie gelingt. Denn obwohl sich Ihre Bewerbungen an die verschiedenen potenziellen Arbeitgeber stark ähneln, sollen die Personaler jeder Firma das Gefühl haben, die Bewerbung sei eigens für sie verfasst worden.

Fertig! Mithilfe dieser einfachen Methode wird es Ihnen gelingen, den Bewerbungsprozess für Sie erheblich effizienter und angenehmer zu gestalten und Ihre Chancen auf eine positive und zeitnahe Rückmeldung drastisch erhöhen. Im Folgenden möchte ich Ihnen zeigen, wie viel Zeit Sie pro Schritt einplanen sollten, damit die Frequenz-Strategie für Sie so ertragreich wie möglich ist.

Neben dem Verfassen des Rohentwurfs und der fortlaufenden Aktualisierung Ihres Lebenslaufes sollten Sie für die Farbanpassung je Bewerbung rund fünf Minuten einplanen, für die Anpassung des CV zwanzig Minuten und für die Individualisierung der Anschreiben-Rohentwürfe nochmals zwanzig Minuten aufbringen.

So benötigen Sie für jede Bewerbung in etwa eine Dreiviertelstunde. Für fünf Bewerbungen sind das neben dem Rohentwurf nur knapp vier Stunden – also ein Nachmittag – Arbeit.

Ich wünsche Ihnen den größtmöglichen Erfolg mit der Frequenz-Strategie!

Sie müssen die Schritte der Methode nicht haarklein befolgen, aber führen Sie sich vor Augen, dass Sie für erfolgreiche Bewerbungen keine Sisyphos-Arbeit verrichten müssen!

Gehen Sie das Verfassen Ihrer Bewerbungen effizient an und sparen Sie Zeit! Entgegen der gängigen Meinung ist es keineswegs schlimm beziehungsweise keineswegs verwerflich, wenn sich Ihre verschiedenen Bewerbungen ähneln. Ebenso tragen Sie als Bewerber keinerlei Schaden davon – wenn Sie sich an den obigen Schritten orientieren!

Wie Sie jedes Vorstellungsgespräch mit Bravour meistern!

Ich möchte Ihnen meinen herzlichen Glückwunsch aussprechen! Einerseits dafür, dass Sie diesen Ratgeber bis hierhin gelesen und seine Methodik aufgenommen haben.

Und andererseits natürlich, wenn Sie sich diesen Abschnitt nun noch einmal vornehmen, um sich tatsächlich auf ein Bewerbungsgespräch vorzubereiten. Denn das bedeutet, dass Sie bereits die ersten Früchte aus diesem Buch ernten!

In beiden Fällen können Sie sehr stolz auf sich sein! Sie haben sich tiefgründiges Wissen zur perfekten Vorbereitung auf Ihre Bewerbung angeeignet und wertvolle Strategien zur Optimierung von Wartephasen kennengelernt!

Wir befinden uns nun auf der Zielgeraden. Wenn wir uns den Bewerbungsprozess wie ein Computerspiel vorstellen, haben Sie nun den End-Boss erreicht!

Das Vorstellungsgespräch ist das mit Abstand schwierigste und komplexeste Level dieses Spiels. Das hat den Grund, dass man sich auf diese letzte Etappe des Bewerbungsprozesses nur mäßig vorbereiten kann – und während des Interviews trotzdem sofort eine passende und überzeugende Antwort parat haben muss!

Dazu kommt, dass viele Bewerber in einer solchen Stresssituation dazu neigen, weiche Knie zu bekommen und ins Stottern geraten. Wenn Sie sich die Ratschläge dieses Kapitels zu Herzen nehmen, wird all dies für Sie kein Problem mehr darstellen!

In diesem Teil des Buches widmen wir uns ausführlich all den verschiedenen Facetten des Bewerbungsgesprächs. Dabei folgen wir dem gewohnten Muster und gehen in chronologischer Reihenfolge vor:

Zuerst geht es um die optimale Vorbereitung auf das Jobinterview. Was gibt es bei der Organisation zu beachten? Was müssen Sie unbedingt parat haben? Diesen und weiteren Fragen werden wir auf den Grund gehen.

Im Anschluss werden wir einen Blick auf die konkrete Gesprächssituation werfen. Ich werde Ihnen dabei helfen zu sehen, wie Sie optimal auf alle möglichen Fragen Ihres Gegenübers antworten und wie Sie richtig mit Stressfragen – also diesen fiesen Fragen, auf die man so aus dem Stehgreif vorerst keine gute Antwort zu finden scheint – umgehen.

Außerdem werde ich Ihnen aufzeigen, welche Fettnäpfchen es unbedingt zu umschiffen gilt.

Anschließend möchte ich Ihnen noch so manchen Ratschlag für die Zeit nach dem Bewerbungsgespräch auf Ihren Weg geben.

Last but not least werde ich Ihnen noch zehn weitere absolute Profitipps zur Meisterung Ihres Vorstellungsgesprächs verraten – ich spreche hier von echten Assen, die Sie während des Job-Interviews aus Ihrem Ärmel schütteln können.

Die perfekte Vorbereitung

Die Vorbereitung auf das Vorstellungsgespräch beginnt spätestens dann, wenn Ihnen ein Gesprächsangebot Ihres potenziellen neuen Arbeitgebers unterbreitet wird.

Auf die anfängliche Euphorie über die Einladung zum Bewerbungsgespräch folgt dann meistens große Nervosität.

In Lebenslauf und Anschreiben hat man schließlich alle Zeit der Welt – stundenlang (auch, wenn es so eigentlich ja nicht sein soll) kann man an dem perfekten Satz formulieren, und wenn einem etwas nicht gefällt, betätigt man einfach die Löschtaste.

Im Bewerbungsgespräch sieht das anders aus: Hier müssen wir wie aus der Pistole geschossen eine Antwort haben – und würden bestenfalls als Exot abgestempelt werden, wenn Sie erst nach zehn Minuten antworten würden.

Wenn Sie schon einmal in der folgenden Situation waren, sollten Sie aufmerksam weiterlesen: Sie befinden sich bei einem Vorstellungsgespräch und der Personaler stellt Ihnen eine Frage, auf die Sie sich nicht vorbereitet haben, weil Sie sie für selbstverständlich hielten. Doch nun sitzen Sie wie der Kandidat in einer Gameshow auf dem Stuhl und die richtige Antwort will Ihnen nicht einfallen.

Bestimmt ahnen Sie schon, was ich mit diesem Beispiel verdeutlichen möchte. Oft sehen wir uns schon perfekt für das Jobinterview vorbereitet – obwohl wir es nicht sind – und wiegen uns in falscher Sicherheit.

So alltäglich, so trivial scheinen die immer gleichen Fragen der Personaler. Wenn es dann aber hart auf hart kommt und wir dem Personalverantwortlichen gegenübersitzen, ist dieses Selbstvertrauen oft sehr schnell wieder verschwunden.

Gedanken rasen durch den Kopf, Sie schwitzen, die Blicke Ihres Gegenübers scheinen Sie regelrecht zu durchbohren. Auf einmal erscheint die Beantwortung einer solchen 0815-Standard-Frage wie eine Mount-Everest-Besteigung.

Was ich Ihnen damit sagen will: Mit einer tiefgründigen und gewissenhaften Vorbereitung auf die möglichen Fragen während des Interviews können Sie sich sehr viel Stress, Stottern und unangenehme Stille während des Bewerbungsgesprächs ersparen.

Eine ausgezeichnete Möglichkeit, sich perfekt auf den Inhalt Ihres Vorstellungsgesprächs vorzubereiten, ist es, sich schon vor dem Gespräch Gedanken darüber zu machen, welche Fragen potenziell gestellt werden könnten.

Dazu nehmen Sie sich ein leeres Blatt Papier sowie Ihren Lebenslauf mitsamt Anschreiben zur Hand. Versuchen Sie nun, sich in die Position des Personalers hineinzuversetzen.

Sie haben noch jede Menge anderer Bewerbungen vor sich liegen – die Bewerbung, die Sie nun durchgehen, ist also nur eine von vielen. Denken Sie auch daran: Sie wollen ein Problem lösen. Die neue Arbeitskraft soll dazu beitragen.

Mit diesen Gedanken im Hinterkopf beginnen Sie nun, Ihr Anschreiben und Ihren Lebenslauf zu lesen. Markieren Sie alle Stellen, an denen es Unklarheiten gibt, beziehungsweise an denen Fragen aufkommen können.

Haben Sie in Ihrem Anschreiben zum Beispiel den – durchaus schlüssigen – Satz „Aus der Stellenanzeige ergibt sich eine neue Chance, mich beruflich weiterzuentwickeln" oder ähnliches untergebracht, sollte Ihnen nun auffallen, dass offenbleibt, wie genau diese berufliche Weiterentwicklung eigentlich aussehen soll.

Nehmen Sie sich also Ihr leeres Blatt Papier zur Hand und schreiben Sie die mögliche Nachfrage auf. Formulieren Sie hier bereits, wie es auch der Personaler in dem Bewerbungsgespräch tun würde. Also: „Herr Mustermann, Sie schrieben in Ihrem Brief an uns, sie würden sich von der Stelle eine berufliche Weiterentwicklung erhoffen. Wie genau stellen Sie sich diese vor?"

Die Fragen schon auf Ihrem Notizzettel wie reale Fragen aus einem Bewerbungsgespräch zu formulieren, hilft Ihnen dabei, sich mental auf die Gesprächssituation vorzubereiten.

Haben Sie eine Sammlung potenzieller Fragen zusammengestellt, können Sie ebenso Kollegen, Freunde und Familie bitten, Ihre Bewerbungsunterlagen durchzugehen und auf etwaige Fragen zu überprüfen, die ihnen einfallen.

Auf diese Weise wird Ihre Sammlung potenzieller Fragen immer reichhaltiger, was eine optimale Vorbereitung auf das Bewerbungsgespräch ungemein erleichtert.

Wichtig: Ziel dieser Vorbereitungsmaßnahme ist es keineswegs, Ihre Bewerbungsunterlagen auf Fehler zu durchsuchen. Dafür ist es an dieser Stelle sowieso zu spät.

Es geht jetzt lediglich darum, sich in die Rolle des Personalers hineinzuversetzen und sich auf mögliche Fragen von dessen Seite schon im Voraus vorzubereiten.

Fällt Ihnen also jetzt ein Fehler oder schlicht eine Stelle in Ihren Unterlagen auf, über die Sie sich im Nachhinein ärgern – ganz nach dem Motto: „Mist, das hätte ich ganz anders schreiben müssen!" – gilt: Ruhe bewahren!

Anstatt sich jetzt schwarz zu ärgern– versuchen Sie lieber, auf etwaige Ungereimtheiten oder kleine Fehler eine schlüssige Erklärung parat zu haben, falls diese im Bewerbungsgespräch angesprochen werden.

Führen Sie sich vor Augen: Dass Sie zum Interview eingeladen wurden, bedeutet, dass Ihr Anschreiben sowie Ihr Lebenslauf ohnehin schon überzeugt haben.

Im Bewerbungsgespräch müssen Sie nun beweisen, dass Sie auch im realen Leben so sind, wie in der schriftlichen Bewerbung beschrieben.

Aus diesen Gründen ist diese Übung für den Erfolg Ihres Bewerbungsgesprächs unerlässlich. Verinnerlichen Sie die Antworten auf die potenziellen Fragen anschließend.

So stellen Sie sicher, dass Ihnen die Antworten im „Ernstfall", also dem tatsächlichen Bewerbungsgespräch, auch flüssig über die Lippen gehen.

Um sich noch besser in die konkrete Gesprächssituation einfinden zu können, können Sie mit Ihnen vertrauten Mitmenschen auch das gesamte Vorstellungsgespräch simulieren.

Sprich: Ihr Partner, ein Familienmitglied, ein Kollege oder ein Freund, schlüpft in die Rolle des Personalers und Sie üben sich in Ihrer Rolle als Bewerber.

Machen Sie das so realistisch wie möglich. Bleiben Sie beide in Ihren Rollen; auch, wenn Ihnen das erst komisch vorkommen mag. Denn so ist der Lerneffekt mit Abstand am größten.

Ihr Gegenüber muss bei dieser Übung auch unbedingt die vorher notierten potenziellen Fragen stellen. Sie werden spätestens beim realen Bewerbungsgespräch die Früchte dieser – zugegebenermaßen aufwendigen – Übung ernten können:

Sie werden sehen: Dank dieser Strategie hält sich in der konkreten Gesprächssituation Ihre Nervosität in Grenzen – und das Beantworten der Fragen des Personalverantwortlichen wird Ihnen erheblich leichter fallen.

Eine weitere Strategie, mit der Sie Ihre Chancen auf ein erfolgreiches Bewerbungsgespräch erhöhen können, ist die sogenannte Newsroom-Methode.

Dazu einen kleinen Exkurs zum allgemeinen Aufbau von Bewerbungsgesprächen: So gut wie jedes Jobinterview beginnt damit, dass der oder die Personalverantwortlichen Sie aus dem Warteraum in den Gesprächsraum führen.

Insbesondere bei großen Firmengeländen liegen schon mal einige Meter beziehungsweise Stockwerke zwischen diesen beiden Räumen.

Die Zeit, von Ort A zu Ort B zu kommen, wird der Personalentscheider mit sehr hoher Wahrscheinlichkeit dazu nutzen, um mit Ihnen Smalltalk zu führen. Aber auch, wenn Sie sich schon im Gesprächsraum befinden – einige Minuten fungieren so gut wie IMMER für das gegenseitige Kennenlernen, für seichte Gespräche – kurz: für Smalltalk.

Diese Minuten des ersten Kennenlernens können Sie sich ideal zunutze machen – nämlich, indem Sie mit detailliertem Wissen über die neuesten Vorgänge im Betrieb punkten.

Dazu ist wichtig, sich mindestens eine Woche vor dem Termin die aktuellen Informationen über die verschiedenen Unternehmensaspekte anzueignen.

Hat zum Beispiel in letzter Zeit eine Mitgliederversammlung stattgefunden? Welche Ergebnisse hat diese hervorgebracht? An welchen Projekten hat das Unternehmen in letzter Zeit mitgewirkt?

Gibt es aktuell neue personelle Entwicklungen? Für große Unternehmen: Wie steht es um den Aktienkurs?

Sie können sich nicht vorstellen, wie sehr Unternehmenswissen, welches nur etwas über die Eckdaten des Betriebes hinausgeht, den Entscheidungsträgern imponiert.

Sicherlich werden Sie in der Smalltalk-Phase nicht all Ihr Wissen zur Schau stellen können, und das sollen Sie auch nicht. Wenn Sie auf Krampf alle unternehmensbezogenen Informationen aufsagen, die Sie sich angeeignet haben, wirken Sie eher wie ein wandelnder Wikipedia-Artikel und nicht wie ein ambitionierter Bewerber.

Es geht darum, bei passender Gelegenheit pointiert und sparsam Wissen über den Betrieb zur Schau zu stellen. Damit beweisen Sie: Sie wissen gründlich Bescheid, für Sie ist dies aber eine Selbstverständlichkeit. Weniger ist hier also – wie so oft – mehr!

Bei dem vielen Wissen, dass Sie sich aneignen sollten, dürfen Sie übrigens keineswegs vergessen, die wichtigsten Punkte Ihres eigenen Lebenslaufes nicht aus den Augen zu verlieren.

Aus diesem Grund empfehle ich Ihnen, die letzten fünf Stationen Ihrer beruflichen Laufbahn auswendig zu lernen. Also die Position, in der Sie gearbeitet haben, die Dauer inklusive Start- und Enddatum, eine kurze Tätigkeitsbeschreibung und natürlich den genauen Namen des Unternehmens, bei dem Sie angestellt waren.

Wenn Ihnen das Auswendiglernen schwerfällt, können Sie dies mit Karteikarten versuchen. Schreiben Sie auf die eine Seite den Namen des Unternehmens, auf die Rückseite die sonstigen Daten.

Jetzt lernen Sie die Karten auswendig, bis Sie Ihren Lebenslauf beherrschen. Alle Karten, bei denen Sie sich schon sicher sind, legen Sie auf einen Stapel

– alle, bei denen es noch hapert, auf einen anderen. Die schwierigen Karten sollten Sie doppelt bis dreimal so häufig lernen als die Ihnen schon vertrauten.

Im Anschluss lernen Sie in die andere Richtung. Sprich: Sie sehen sich das Revers der Karte an, auf denen Start- und Enddatum sowie Position etc. vermerkt sind und müssen diese Daten dann dem Namen des Unternehmens zuordnen.

Sie werden sehen: Mithilfe dieser Methode können Sie Ihren Lebenslauf ohne großen Aufwand in Ihrem Kopf abspeichern – und dessen Informationen auf Nachfrage im Bewerbungsgespräch abrufen!

Die gleiche Übung sollten Sie ebenso für Ihre Ausbildung sowie für besondere Kenntnissc, Fähigkeiten und Weiterbildungen mitsamt Zertifikaten, die Sie sich erarbeitet haben, durchführen.

Neben Ihrem Kopf sollten Sie vor dem Bewerbungsgespräch auf keinen Fall folgendes Gadget vergessen: Einen Notizblock! Nicht nur macht ein solcher, wenn während des Gesprächs genutzt, einen äußerst positiven Eindruck (Sie zeigen so nämlich Ihre Fähigkeit zu strukturieren, präzise zu arbeiten, und Geschäftstermine ernst zu nehmen).

Auch kann Ihnen eine Möglichkeit zum Notieren von Informationen einen realen Vorteil bieten: Sie können so nämlich schon einmal anreißen, was Sie sagen möchten, sich Stichpunkte darüber machen, was Ihr Gegenüber geäußert hat – und wie Sie darauf antworten möchten.

Mit den obigen Ratschlägen brauchen Sie vor dem Bewerbungsgespräch keine schlaflosen Nächte mehr zu verbringen. Die Vorbereitung auf Ihr nächstes Interview wird mit der Methodik dieses Kapitels zum Kinderspiel!
Erfahren Sie im nächsten Kapitel, auf was Sie während des Bewerbungsgespräches achten müssen, um erfolgreich zu sein!

Die perfekte Vorbereitung aufs Jobinterview:

- **Notieren Sie Fragen, die aus Ihrer Bewerbung hervorgehen**
- **Lernen Sie Antworten auf diese Fragen auswendig**
- **Simulieren Sie das Interview mit Familie, Freunden oder Kollegen**
- **Verfolgen Sie regelmäßig Nachrichten über das Unternehmen**

Was gibt es während des Vorstellungsgespräches zu beachten?

Nach der eben besprochenen Smalltalk-Phase folgt im Jobinterview in den allermeisten Fällen die sogenannte Selbstpräsentation. Hier geht es darum, den Personalern einen genauen Eindruck von Ihnen zu vermitteln.

Im Normalfall wissen Sie ganz genau, dass es Zeit für Selbstpräsentation ist, wenn die Personalverantwortlichen den legendären Satz „Erzählen Sie uns etwas über sich!“ oder „Stellen Sie sich bitte vor!“ zu Ihnen sagen.

Sie sollten hier sich selbst sowie Ihren aktuellen beruflichen Status vorstellen sowie Ihre bisherigen Erfahrungen mitsamt Ihrer Fähigkeiten zusammenfassen. Jene sollten Sie, wie auch schon im Anschreiben, mit konkreten Beispielen aus Ihrem bisherigen Berufsleben belegen.

Außerdem ist die Selbstpräsentation dazu gedacht, Ihnen die Möglichkeit zu geben, Ihre persönlichen Ziele – unter Rücksichtnahme auf den Unternehmensbezug – anzusprechen.

Sie sollen also Ihre eigene Person, Ihre beruflichen und persönlichen Kompetenzen sowie Ihre beruflichen Ziele im neuen Unternehmen vorstellen.

Wie kann das ganze konkret aussehen – und was sollten Sie bei der Selbstpräsentation unbedingt vermeiden? Zur Beantwortung dieser Frage im Folgenden eine äußerst positive Selbstpräsentation – auch hier wieder ein reales Beispiel:

Ich befinde mich kurz vor der Abgabe meiner Master-Arbeit – und so auch kurz vor dem Abschluss meines Studiums in Stadtentwicklung. In meiner Thesis befasse ich mich mit den Zukunftschancen traditionell orientalisch geprägter Städte.
In den letzten Monaten konnte ich bereits erste praktische Erfahrungen im Bereich der Verkehrsleitung sammeln. Bei der Firma x GmbH habe ich an der Entwicklung neuer Konzepte zur Optimierung des Verkehrsflusses mitgearbeitet und habe die x GmbH ebenfalls bei der Abnahme durch den kuwaitischen Auftraggeber unterstützt. Bei einem zweiten Praktikum konnte ich diese Erfahrungen weiter vertiefen. Hier habe ich für die y AG Smart-City-Konzepte für die Stadtverwaltung einer türkischen Gemeinde mitentworfen.
Ich möchte in der neuen Stelle gern meine einschlägigen Erfahrungen einbringen beziehungsweise weiterentwickeln und Sie auf diese Weise bei Ihrer Expansion in die arabische Welt unterstützen.

Diese Selbstpräsentation kann man wirklich nur als das Gelbe vom Ei bezeichnen. Zugegeben, eine nicht ganz alltägliche Vorstellung. Lassen Sie mich Ihnen nichtsdestotrotz darlegen, warum diese Selbstpräsentation so genial ist – auch, wenn Ihnen „Smart-City-Konzepte" oder „Optimierung des Verkehrsflusses" fremde Begriffe sind.

Der Bewerber lässt unnötige Informationen einfach aus! Viel zu viele Anwärter beginnen bei der Selbstpräsentation direkt, lang und breit Ihre Personendaten zu rezitieren. Das sieht dann oft folgendermaßen aus:

Ja, vielen Dank. Mein Name ist Max Mustermann, ich bin 1978 in Hamburg geboren und wohne jetzt auch seit fünf Jahren wieder dort. Ich habe 1998 mein Abitur gemacht und …

Bitte tun Sie sich selbst den Gefallen und lassen Sie das. Es interessiert die Personaler nicht, wann Sie Ihr Abitur abgeschlossen haben, geschweige denn wo sich Ihr aktueller Wohnort befindet.

Dies geht nämlich schon aus Ihrer Bewerbung hervor. Das gleiche gilt auch für Name und Alter. Wenn Sie zu einem Vorstellungsgespräch eingeladen werden, werden die Entscheider zumindest Ihren Namen kennen …

Außerdem sind diese Daten für den Erfolg Ihres Gesprächs in keiner Weise zuträglich. Schließlich geht es darum, Kompetenz zu vermitteln. Das erreicht man aber nicht, indem man sein Geburtsdatum oder ähnliches in der Selbstpräsentation unterbringt.

Deswegen: Unnötiges weglassen – direkt inhaltlich einsteigen. Damit zeigen Sie, dass Sie schnell auf den Punkt kommen sowie, dass es über Ihre Laufbahn auch äußerst viel zu erzählen gibt!

Es hat nämlich den Anschein, als müssten Sie ein Vakuum in Ihrem Lebenslauf füllen, wenn Sie anfangen, um den heißen Brei zu reden und Ihre persönlichen Daten aufzuzählen beginnen.

Unser Beispiel-Bewerber macht das genau richtig und beginnt unmittelbar mit den relevanten Stationen seines Berufslebens – in diesem Fall seinem Studium.

Er reißt kurz, aber präzise an, an welchem Punkt des Studiums er sich befindet und worum es in seinem Studium geht.

Anschließend fasst er seine bisherige berufliche Erfahrung zusammen und legt ganz genau und schlüssig dar, welche Fähigkeiten und fachliche Kompetenzen er dabei erlangen und weiterentwickeln konnte.

Nicht aber macht er den Fehler, schlicht seinen Lebenslauf nachzuerzählen. Bei vielen Bewerbern sieht der Mittelteil der Selbstpräsentation nämlich nach wie vor leider noch folgendermaßen aus:

Von 2011 bis 2013 war ich dann bei der Beispiel GmbH und habe im Vertrieb gearbeitet. Danach bin ich zur xyz KG gewechselt und habe als Vice Sales Director gearbeitet.

Erstens ist dies relativ trocken, weil es unpräzise und mit keinerlei konkreten Beispielen untermauert ist. Zweitens geht durch die unpräzise Formulierungen auch der rote Faden verloren.

Zwar ist es logisch, zum Vize-Vertriebsleiter befördert zu werden, wenn man schon vorher im Vertrieb gearbeitet hat, aber eine höhere Präzision (an welchen Projekten haben Sie konkret mitgewirkt, was waren Ihre inhaltlichen Arbeitsschwerpunkte) lässt Ihre Vorstellung leidenschaftlicher wirken und erhöht Ihre Chancen signifikant.

Beim Positiv-Beispiel ist ein knallroter Faden zu erkennen: Alle bisherigen Positionen beschäftigen sich mit Stadtentwicklung und in allen bisherigen Stellen arbeitete der Beispiel-Bewerber mit Bezug zu orientalischen Städten.

Und da auch die neue Stelle in der arabischen Welt einen neuen Zweig aufbauen will, fügen sich alle Positionen perfekt in den roten Faden ein.

Es wirkt förmlich, als habe der Bewerber nur darauf hingearbeitet, jetzt bei dem potenziellen neuen Arbeitgeber angestellt zu werden. Hier ist also auch ein starker Unternehmensbezug vorhanden!

So muss das bei Ihnen auch aussehen. Im echten Bewerbungsgespräch können Sie die Selbstpräsentation gern noch etwas verlängern. Wichtig bleibt aber: Roter Faden, Präzision, Unternehmensbezug halten!

Im Großen und Ganzen können Sie aber beruhigt sein, denn die Selbstpräsentation ist der Teil des Vorstellungsgesprächs, auf den Sie sich mit Abstand am besten vorbereiten können. Denn schließlich redet Ihnen hier niemand dazwischen. Dies geschieht erst im Anschluss, wenn die Rückfragen von der Gegenseite kommen.

Insofern ist die Selbstpräsentation für Sie ein Heimspiel. Mit ausreichender Vorbereitung kann hier eigentlich nichts schief gehen.

Wenn Sie Probleme haben, einen roten Faden zu finden, werden Sie kreativ! Schauen Sie sich auch gern noch einmal den Abschnitt „Der Lebenslauf – das Herzstück Ihrer Bewerbung", in dem ich Ihnen bereits Ratschläge für das Einhalten des roten Fadens gegeben habe.

Haben Sie ebenso immer die Stellenanzeige im Hinterkopf, wenn Sie Ihre Selbstpräsentation vorbereiten.

Das hilft Ihnen ungemein dabei, eine möglichst hohe Deckung mit den geforderten Qualifikationen auszustrahlen.

Selbstverständlich eignet sich das Vorstellungsgespräch-Rollenspiel, welches ich Ihnen im vorherigen Kapitel gezeigt habe, ebenso für die Einübung der Selbstpräsentation.

Nach der Selbstpräsentation folgt in der Regel eine Phase mit Rückfragen. Hier werden Ihnen die berüchtigten „Löcher in den Bauch gefragt" (in der Regel ist dies übrigens halb so schlimm).

Wussten Sie aber, dass Sie mit Ihrer Selbstpräsentation bereits Einfluss auf die Fragen nehmen können, welche die Personaler Ihnen stellen?

Wenn Sie zum Beispiel an einem spannenden Projekt mitgewirkt haben, welches den Personalern etwa noch einen genaueren Eindruck über eine Ihrer alten Positionen offenbart, können Sie eine detailliertere Besprechung direkt in Aussicht stellen. Das könnte zum Beispiel so klingen:

… Dort habe ich an der Entwicklung neuer Konzepte zur Optimierung der Effizienz von Gebäudedämmungstechnik mitgewirkt. Dies führe ich gern später auch noch genauer aus.

Die Wahrscheinlichkeit ist nicht gering, dass die Personaler tatsächlich noch einmal hierauf zu sprechen kommen. Somit haben Sie sich schon fast eine Frage gesichert, die Sie mit links beantworten können.

Ich muss nicht sagen, dass Sie den Sachverhalt, über den Sie auf Nachfrage noch mehr erzählen wollen, natürlich in- und auswendig kennen sollten.

Auch die anderen Fragen der Personaler stellen für Sie mit gründlicher Vorbereitung kein Problem dar. Denn mit der Rollenspiel-Methode haben Sie sich schon auf einen Großteil der Fragen, die aus Ihrem Lebenslauf hervorgehen, vorbereitet.

Auch ungeplante Fragen zu beantworten sind keine Hercules-Aufgabe – denn meist folgen die Personaler-Fragen einem ganz bestimmten Muster.

Im Folgenden habe ich die neun häufigsten Arten von Fragen im Bewerbungsgespräch aufgelistet. Anschließend werde ich auf jede Frage, und was genau die Personalentscheider damit meinen, eingehen.

- Warum sollten wir Sie einstellen?
- Weshalb wollen Sie die Stelle wechseln?
- Nennen Sie drei Stärken von sich.
- Was sind Ihre drei größten Schwächen?
- Was machen Sie, wenn Sie sich vergnügen wollen?
- Warum haben Sie sich gerade bei uns beworben?
- Sind Sie heute mit dem falschen Fuß aufgestanden oder sind Sie immer so?
- Wie gehen Sie mit Kritik um?
- Wie viele Bowlingkugeln passen in ein Kreuzfahrtschiff?

Bei manch einer Frage wird man direkt nervös – das kann ich gut nachvollziehen.

Beginnen wir jedoch mit Frage Nr. 1. Diese ist ein echter Klassiker unter den Bewerbungsfragen.

Warum sollten wir Sie einstellen? Auf dasselbe wollen die Personaler übrigens auch hinaus, wenn sie Sie fragen: „Was unterscheidet Sie von den anderen Bewerbern?", „Warum sind Sie der ideale Kandidat für die Stelle?" oder „Weshalb sind Sie besonders geeignet für den Job?"

All diese Fragen sind im Grunde ein und dieselbe, denn die Personaler wollen damit herausfinden, was Sie von den anderen Jobanwärtern abhebt. Das hat den einfachen Grund – Stichwort Handykauf – dass man natürlich sicherstellen will, auch wirklich den qualifiziertesten Bewerber einzustellen.

In der Antwort auf diese Frage sollten Sie nochmals kurz und pointiert auf Ihre persönlichen Kompetenzen eingehen – und diese mit dem Problem des Unternehmens in Verbindung bringen. Versuchen Sie also erneut, sich in den Personaler einzufühlen.

Belegen Sie anhand von Beispielen aus Ihrem bisherigen Berufsleben, was Sie als Bewerber so besonders und unwiderstehlich macht.

Kommen Sie hier nicht auf die Idee, mit 0815-Skills wie Teamfähigkeit, Pünktlichkeit oder Verlässlichkeit punkten zu wollen.

All diese vermeintlich besonderen Fähigkeiten sind absolut selbstverständlich und keinesfalls dazu geeignet, sich von anderen Bewerbern abzuheben.

Stattdessen können Sie bei dieser Frage nach folgendem Schema antworten:

Profitieren können Sie von meiner breiten Praxiserfahrung, die ich in der Branche bereits gesammelt habe. Ich traue mir deswegen eine zügige Einarbeitung zu – dementsprechend kann ich das Team im Bereich x schnell wirksam ergänzen.

Bei einer Antwort nach diesem Muster treten Sie aus der Ich-Perspektive heraus und gehen ebenso auf die Bedürfnisse des Unternehmens ein. Sie merken: Es ist von hoher Wichtigkeit, die Stellenanzeige vor dem geistigen Auge zu haben!

Gerade bei gewissenhafter Anwendung der Newsroom-Methode können Sie im Falle dieser Frage auch Ihr Expertenwissen spielen lassen. Das könnte dann zum Beispiel folgendermaßen klingen:

Ich habe in letzter Zeit regelmäßig Ihre Online-Präsenzen verfolgt. Gerade, weil es im Bereich x zurzeit viele Umbrüche und Veränderungen gibt, kommt es Ihnen sicherlich gelegen, dass ich bei meiner vorherigen Stelle mit ähnlichen Problemen konfrontiert war – und zu deren erfolgreicher Lösung beigetragen habe.

Achtung: Immer wieder kommt es auch vor, dass die Personalentscheider die Frage umdrehen, und Sie nicht „Warum sollten wir Sie einstellen?“, sondern „Warum sollten wir Sie **nicht** einstellen?“ fragen.

Das ist fies. In dieser Situation will die Gegenseite gezielt Ihre Schlagfertigkeit und Gelassenheit auf den Prüfstand stellen.

Hier gilt: Ruhe bewahren. Beginnen Sie nicht etwa, sich selbst kleiner zu machen als sie sind oder Ihre großen persönlichen Baustellen zu offenbaren.

Stattdessen können Sie ein Scheinargument verwenden – also ein vermeintliches Argument, was gegen Sie spricht, Ihre Chancen als Bewerber aber kein bisschen mindert. Lassen Sie mich das noch einmal mit folgendem Beispiel verdeutlichen:

Aufgrund meiner familiären Situation wäre es für mich unpraktisch, außerhalb der Metropolregion Berlin/Brandenburg eingesetzt zu werden. Aber wenn ich richtig gelesen habe, ist dies ja sowieso vorerst nicht angedacht. Ansonsten fallen mir keine Punkte ein, die gegen mich als Bewerber sprechen.

Hiernach können Sie dann nochmals, wie oben beschrieben, Ihre Stärken hervorheben. Sehen Sie, dass diese Antwort pures Gold für Ihren Erfolg beim Jobinterview ist?

Sie räumen eine kleine Schwäche ein (die nicht hundertprozentig der Realität entsprechen muss), schaffen diese aber gleich wieder aus dem Weg, weil Sie für die Stelle keine reale Belastung darstellt. Eine Alternative wäre folgende Variante:

Ich habe die Schwäche, mir Namen und Geburtsdaten manchmal nicht so gut merken zu können. Die Erfahrung hat aber gezeigt, dass sich dieses Problem mit Post-It-Zetteln ganz gut beheben lässt.

Auch hier ist die Schwäche, die Sie anführen, so marginal, dass die Personaler darüber hinwegsehen können.
Die wichtigste Prämisse bei dieser umgedrehten Variante der Bewerbungsfrage ist Souveränität und Coolness. Wie gesagt:

Hier geht es darum, Ihre Reaktion unter Stress zu testen – wenn die Gegenseite nicht schon von Ihren Fähigkeiten überzeugt wäre, wären Sie nicht eingeladen worden. Haben Sie das immer im Hinterkopf.

Allerdings sollten Sie bei dieser Frage keinesfalls nur mit „Es gibt nichts, was gegen mich spricht" antworten – denn dann schwingt automatisch ein Hauch von Hochnäsigkeit mit sich.

Weshalb wollen Sie die Stelle wechseln? Mit dieser Frage wollen die Personaler sichergehen, dass Sie einen handfesten Grund für den Wechsel haben und dass Ihre Bewerbung für eine neue Stelle nicht nur eine Laune der Natur ist.

Schließlich will man sicherstellen, dass Sie die Firma nicht nach einem Jahr bereits wieder verlassen.

Wenn Sie wegen irgendwelcher Probleme in Verbindung mit Ihrem alten Arbeitsplatz wechseln wollen, behalten Sie dies lieber für sich. Denn egal, wie Sie es drehen und wenden: Reden Sie schlecht über Ihren ehemaligen Arbeitgeber, wirft das zwangsläufig auch ein schlechtes Licht auf Sie.

Im Folgenden habe ich Ihnen einige Wechselgründe aufgelistet, die Sie stets problemlos nennen können – ohne, dass Sie sich damit selbst belasten.

- Familiäre Beweggründe: Wenn Sie wegen eines Umzuges wechseln mussten, etwa, weil Sie mit Ihrem Partner zusammengezogen sind, können Sie das ohne Vorbehalte so sagen.

- Internationales Arbeiten: Wenn Ihnen die neue Stelle Arbeiten in anderen Sprachen oder Ländern in Aussicht stellt, können Sie auch dies ideal als Beweggrund angeben.
- Andere Organisationsstruktur: Waren die Büroräume Ihres alten Arbeitgebers nicht angenehm? Hat der potenzielle neue Arbeitgeber eine progressivere und weniger starre Organisationsstruktur beziehungsweise Hierarchie? Auch dies können Sie als Wechselmotivation anführen.
- Neue Herausforderungen: Die Standardfloskel „Ich suche nach neuen Herausforderungen" können Sie auch anwenden – aber nur, wenn Sie auch genau beschreiben, welche neuen Herausforderungen gemeint sind. Dieses Argument wird von Bewerbern inflationär genutzt, deswegen müssen Sie es gut verteidigen können.

Wenn Sie über besonders viele Stationen im Lebenslauf verfügen, also des Öfteren gewechselt haben, kann auch dies von den Personalern angesprochen werden.

Bewerber müssen sich dann oft Sätze wie „Sie haben aber ganz schön oft gewechselt", „Wie kommt es dazu, dass Sie so oft den Job gewechselt haben?" oder „Waren Sie öfter mal unzufrieden mit Ihrer Stelle?" anhören.

Auch hier gilt: Nicht in die Defensive gehen, sondern nach vorn verteidigen. Stellen Sie Ihre häufigen Jobwechsel also als etwas positives dar. Führen Sie zum Beispiel an, welche verschiedenen Fähigkeiten Sie sich bei Ihren verschiedenen Jobs aneignen konnten.

Nennen Sie drei Stärken von sich. Bei dieser Frage ist intelligentes Selbst-Marketing gefragt. Im Grunde ähnelt diese Frage der ersten Frage, die ich angesprochen habe.

Auch hier geht es nämlich darum, zu ermitteln, ob Sie wirklich die gefragten Stärken für die Stelle mitbringen. Deswegen sollten Sie hier nicht irgendwelche Stärken nennen, sondern solche, die für den Job hilfreich sind.

Unterscheiden tut sich diese Frage von „Warum sollten wir Sie nehmen?“ darin, dass sich hier tendenziell mehr nach persönlichen als nach fachlichen Kompetenzen erkundigt wird.

Zwei Dinge müssen hier berücksichtigt werden: Keine Standard-Skills wie Pünktlichkeit, Teamgeist etc. nennen! Außerdem dürfen Sie auch hier nicht vergessen, diese Kompetenzen mit Ihrer konkreten Arbeitserfahrung zu belegen. Einige gute Antworten auf die Frage nach Ihren Stärken im Folgenden:

Ich würde mich selbst als kreativ bezeichnen. Es bereitet mir Freude, „outside the box“ zu denken und innovative Lösungen für Probleme zu finden. In meinem alten Betrieb haben Team-Meetings zum Beispiel immer lange gedauert. Ich habe dann angeregt, unsere Sitzungen zur „Stehung“ zu machen – unsere Meetings also zur Abwechslung mal im Stehen abzuhalten. Das Ergebnis waren lebhaftere und aktivere Diskussionen und eine höhere Effizienz. Mittlerweile ist die „Stehung“ fester Bestandteil der Unternehmenskultur.

Wenn Sie ein solch kurioses Beispiel als Beleg für Ihre Kreativität anführen, wird kein Personaler mehr an Ihrer Innovationsfähigkeit zweifeln. Ein anderes Beispiel, in dem es um Organisationsgeschick geht:

In der Schule waren es die Schülerratssitzungen und Fußballturniere, die ich als Schulsprecher organisiert habe. Während meines Studiums habe ich regelmäßig eine Meditations-AG moderiert und momentan kümmere ich mich als Projektmanager darum, Scrum als neue Vorgehensweise beim Produktmanagement zu implementieren. Zu planen, einen Zeitplan zu erstellen und Teilergebnisse zu überprüfen und zu einem Großen und Ganzen zusammenzufügen, macht mir große Freude. Mir liegt es also, Dinge zu organisieren.

Natürlich müssen Sie auch hier wieder gründlich auf die Stellenanzeige achten – manchmal kann Ihnen die Hervorhebung einer bestimmten Stärke weitaus mehr Pluspunkte verschaffen als eine andere.

Es kann also entscheidend sein, nicht unbedingt Ihre wahrhaftigen drei größten Stärken zu nennen, sondern jene, welche Ihnen beim Jobinterview am meisten helfen. Ein bisschen Opportunismus ist hier also okay – und sogar förderlich.

Was sind Ihre drei größten Schwächen? Werden Sie bei Ihrem Jobinterview nach Ihren größten Stärken gefragt, wird man sich mit hoher Wahrscheinlichkeit auch genauso nach Ihren Schwächen erkundigen.

Diese Frage hat Ähnlichkeiten mit „Warum sollten wir Sie nicht einstellen?“ – wieder geht es darum, Ihre Belastbarkeit zu testen; herauszufinden, wie Sie selbst über sich denken.

Hier gilt die Devise: Nennen Sie höchstens **eine** echte Schwäche von sich – auch, wenn nach dreien gefragt wird.

Versuchen Sie aber, diese positiv zu formulieren. Zum Beispiel folgendermaßen:

Ich bin manchmal einen Hauch emotional. Dafür liegt es mir aber gut, mich in meine Mitmenschen hineinzufühlen und auf Ihre Bedürfnisse einzugehen.

Oder so:

Vor Präsentationen bekomme ich gelegentlich Lampenfieber. Mit guter Vorbereitung und dreimaligem tiefen Durchatmen fällt das aber eigentlich nicht auf.

Sie sehen, worauf es hinausläuft. Sie nennen eine wahre Schwäche, drehen den Spieß aber um und zeigen – siehe erstes Beispiel – dass Ihnen diese auch eine ganz besondere Stärke verleiht.

Oder zumindest – siehe zweites Beispiel – dass Sie Ihre Schwäche gut im Griff haben und sie Sie während Ihres Arbeitsalltages nicht beeinträchtigt.

Hinter dieser einen wahren Schwäche sollten Sie noch zwei „Platzhalter“-Schwächen nennen. Also zum Beispiel: „Ich bin zu freundlich“, „Manchmal bin ich unorganisiert, das habe ich mit einer Checkliste aber gut im Griff" oder „Manchmal fällt es mir schwer, Nein zu sagen".

Es geht also darum, den Einblick in Ihre persönlichen Baustellen zu dosieren. Keinesfalls sollten Sie reinen Tisch machen und etwa offenbaren, dass Sie schnell die Beherrschung verlieren, zu viel Arbeiten und deshalb bereits unter dem Burnout-Syndrom litten oder dass Sie Kettenraucher sind.

Die Personaler wollen mit dieser Frage prüfen, ob Sie über sich selbst reflektieren und sich Ihre kleinen Baustellen eingestehen können – dass Sie dazu in der Lage sind, beweisen Sie zum Beispiel mit den vorangegangenen Beispielen.

Keinesfalls dürfen Sie aber Schwächen zum Gespräch machen, die Ihre Bewerbungschancen mindern würden. Strahlen Sie, wie gesagt, außerdem aus, dass Sie Ihre Schwäche im Griff haben, daran arbeiten oder Ihnen Ihre Schwäche sogar einen Vorteil verschafft.

Was machen Sie, wenn Sie sich vergnügen wollen? Man könnte stattdessen auch fragen: „Was machen Sie in Ihrer Freizeit?" oder „Was sind Ihre Hobbys?".

Auch, wenn diese Frage harmlos scheint – bei deren Beantwortung müssen Sie vorsichtig sein und einige Dinge beachten.

Personaler möchten Sie als Person – Ihren Charakter abseits der Arbeitswelt – kennenlernen. Schließlich ist Ihr Gegenüber beim Jobinterview auch nur ein Mensch wie Sie und ich.

Darüber hinaus erhoffen sich die Personalentscheider auch, von Ihren Freizeitbeschäftigungen auf Ihre Arbeitsweise schließen zu können – beziehungsweise darauf, wie Ihre Persönlichkeit Ihre Art zu arbeiten beeinflusst.

In Jobs, die ein hohes Maß an Kommunikationstalent erfordern, sollten Sie also vorsichtig damit sein, das Bücherlesen als Ihr größtes Hobby zu verkaufen.

Hobbys wie Fernseh- oder Filme schauen, Rauchen, Extremsportarten, sowie das Besuchen von Bars sollten Sie unter keinen Umständen nennen.

Am besten wirken Hobbys, welche Ihre Fähigkeiten unterstreichen. Für Urlaube mit Freunden braucht man zum Beispiel Organisationsgeschick und für regelmäßiges Fitnesstraining viel Durchhaltevermögen.

Versuchen Sie also, Hobbys zu nennen, welche den Personalern zeigen, dass Ihre persönlichen Qualitäten auch in Ihrer Freizeit zur Geltung kommen.

Warum haben Sie sich gerade bei uns beworben? Wenn Sie diese Frage gefragt werden, liegt es nahe, dass der Unternehmensbezug in Ihrer Bewerbung noch nicht hundertprozentig überzeugt hat. Aber keine Sorge: Mit folgenden Antwort-Ideen bekommen Sie das hin.

Grundsätzlich sollten Sie hier versuchen, Ihre Qualifikationen und Fähigkeiten nochmals mit dem Unternehmensprofil zu verknüpfen und möglichst viele Gemeinsamkeiten zu finden.

Denn wenn es ein hohes Maß an Ähnlichkeit zwischen Arbeitgeber und -nehmer gibt, lässt Sie das in einem äußerst positiven Licht dastehen – Sie zeigen damit: Sie passen wie die Faust aufs Auge. Mit folgenden Formulierungen können Sie nichts falsch machen:

Mit Aspekt x Ihrer Unternehmenskultur kann ich mich sehr gut identifizieren. Schon in meiner bisherigen beruflichen Laufbahn habe ich …

Ich finde sehr ansprechend, dass bei der Stelle auch Fähigkeiten in x gefragt sind. Denn das deckt sich mit meinem Wunsch, weitere Praxiserfahrungen in diesem Bereich zu sammeln.

Gerade, weil das Unternehmen ja gerade vor Herausforderung x steht, denke ich, dass meine Qualifikation x Ihnen da sehr zugutekommt. Weil ich in diesem Gebiet in Station x und y schon Erfahrungen gemacht habe, kann ich mich schnell einarbeiten und diese Fähigkeit weiterentwickeln.

Es geht also darum, beide Seiten zu berücksichtigen: die des Unternehmens und die Ihre. Wenn Sie sich komplett zurückstellen und nur auf die Bedürfnisse des Unternehmens eingehen, wirkt das unglaubwürdig. Wenn Sie nur über Ihre eigenen Motivationen, Ziele und Motive sprechen, bleiben Sie als Egoist in Erinnerung.

Zeigen Sie also, wie symbiotisch eine Zusammenarbeit zwischen dem Unternehmen und Ihnen wäre. Das überzeugt!

Sind Sie heute mit dem falschen Fuß aufgestanden oder sind Sie immer so?
Mit dieser Frage begeben wir uns in die unendlichen Weiten der Stressfragen. Stressfragen sind Geschmackssache.

Einige Bewerber sehen sie als angemessene Herausforderung, andere können sie nicht ausstehen. Bilden Sie sich am besten selbst Ihre Meinung.

Stressfragen haben alle eines gemeinsam: Man will sie unter Druck setzen, Sie testen, überprüfen, wie Sie bei Konfrontation reagieren.

Auf diese Fragen kann man sich nicht großartig vorbereiten, denn Sie folgen – anders als die vorherigen – nicht einem Muster, sondern haben viele Facetten.

Die wichtigste Prämisse ist: Ruhig bleiben! Lassen Sie sich nicht provozieren, schießen Sie nicht zurück – lächeln Sie.

Im Falle der Frage „Sind Sie heute mit dem falschen Fuß aufgestanden oder sind Sie immer so?“ können Sie einfach ruhig und gelassen sagen: „Immer so!“

Das strahlt aus, dass Sie selbst zu sich stehen, ehrlich sind und Streit aus dem Wege gehen.

Wichtig ist bei Stressfragen auch der Tonfall. Antworten Sie auf Stressfragen nicht zögerlich, nicht aggressiv. Einfach bestimmt und gleichzeitig ausgeglichen. Strahlen Sie Souveränität aus!

Fragen Sie nicht etwa, was man damit meine oder ob der Personaler spinne. So etwas katapultiert Sie schneller aus dem Bewerberpool, als Sie bis drei zählen können.

Manchmal nehmen Stressfragen auch die Form privater und intimer Nachfragen an. Es kommt zum Beispiel hin und wieder vor, dass die Personaler Sie fragen: „Wurden Sie bereits gepfändet?“ oder „Wurde bei Ihnen bereits eine Geschlechtskrankheit diagnostiziert?“

Bei solchen gemeinen Fragen müssen Sie nicht die Wahrheit sagen, denn sie gehen – in letzterem Beispiel im wahrsten Sinne des Wortes – unter die Gürtellinie.

Von äußerster Wichtigkeit ist also, dass Sie ruhig bleiben. Nehmen Sie auf keinen Fall auch nur irgendwas, was die Personaler beim Jobinterview zu Ihnen sagen, persönlich.

Wie gehen Sie mit Kritik um? Auch diese Frage ist einer der Favoriten der Personaler. Hinter dieser Frage steckt ausnahmsweise kein tieferer Sinn. Man will tatsächlich nur herausfinden, wie Sie mit Konflikten und Konfrontation umgehen.

Allerdings sollten Sie vorsichtig damit sein, Dinge zu sagen wie: „Kritik stecke ich locker weg“, „Das macht mir gar nichts“ oder „Mit Kritik habe ich überhaupt kein Problem“.

Denn die Realität sieht meistens anders aus – keiner von uns wird gern kritisiert. Man könnte Ihnen solche Äußerungen als Selbstüberhöhung auslegen.

Außerdem schwingt in diesen Antworten auch mit, dass Sie Kritik anderer von vornherein gar nicht ernst nehmen. Das sollte nicht so sein, denn die Personaler suchen Bewerber, die sich das Feedback Ihrer Kollegen, auch wenn negativ, zu Herzen nehmen.

Aus diesem Grunde sollten Sie hier eine differenziertere Antwort wählen. Eine, die durchblicken lässt, dass es Ihnen schon nahegeht, wenn jemand Ihnen den Spiegel vorhält.

Formulierungen wie die folgenden eignen sich ideal:

Ich würde lügen, wenn ich sagen würde, dass es mir leichtfällt, kritisiert zu werden. Denn dies heißt, dass jemand mit einem Aspekt meiner Arbeit nicht zufrieden ist. Grundsätzlich glaube ich aber schon, dass Feedback zu einer besseren Arbeitsatmosphäre beitragen kann. Deswegen versuche ich immer, wenn ich kritisiert werde und wenn diese Kritik gerechtfertigt ist, darauf zu achten und an mir zu arbeiten.

Oder:

Kritik mag ich an sich nicht. Sie mögen es ja schließlich auch nicht, wenn Ihnen jemand sagt, dass Sie etwas falsch machen, oder? (an Personaler) So geht es auch mir und, wie ich denke, uns allen. Trotzdem ist es besser, offen miteinander zu sprechen, als etwaige Konflikte und Probleme einfach in sich hineinzufressen. Wichtig ist, dass der Kritisierende sachlich bleibt und dass der Kritisierte das Feedback nicht persönlich nimmt. Das schaffe ich beides aber meiner Einschätzung nach relativ gut.

Mit Antworten wie diesen schaffen Sie den Spagat zwischen dem Eingeständnis, Kritik unschön finden – und der Einsicht, dass Sie trotzdem notwendig ist. Wenn Sie möchten, können Sie diese Antworten auch noch mit – am besten positiven – Beispielen aus Ihrem bisherigen Arbeitsleben anreichern.

Wie viele Bowlingkugeln passen in ein Kreuzfahrtschiff? Willkommen bei einer Disziplin von Bewerbungsfragen, die sich bei Personalern in letzter Zeit immer größerer Beliebtheit erfreuen: Dem sogenannten Brain-Teaser.

Was die Personaler hiermit herauszufinden versuchen, liegt auf der Hand. Man will Ihre kognitiven Fähigkeiten und Ihre Fähigkeit, logische Aufgaben unter Stress zu lösen, testen.

Bei diesen Fragen müssen Sie sich eines vor Augen führen. Es gibt keine richtige Antwort. Erstens wissen Sie nicht, wie groß das Kreuzfahrtschiff ist, zweitens wissen Sie nicht, welchen Durchmesser die Bowlingkugeln haben.

Vielmehr geht es darum, logisch zu denken und einen Lösungsansatz zu finden. Das könnte zum Beispiel so aussehen:

Okay, ganz schön knifflig. Nehmen wir an, die Bowlingkugeln haben einen Durchmesser von 30 cm. Das Kreuzfahrtschiff ist, sagen wir, 60 Meter lang, 10 Meter breit und 6 Meter hoch. Höhe mal Breite mal Tiefe, um das Volumen auszurechnen … wären dann also ca. … Kubikmeter. Wenn alle Verkleidung wie Sitze und Gepäckablage ausgebaut ist, dann würde ich hypothetisch … Kubikmeter für Achsen, Motor und Tank abziehen.
Es bleiben also … Kubikmeter, in die man die Bowlingkugeln à 30 cm Durchmesser unterbringen kann.
Die Packungsdichte bei dichtester Kugelpackung liegt bei ca. 75 Prozent, das weiß ich noch aus dem Physikunterricht. Wenn man die Kugeln also möglichst eng stapelt, bleiben ungefähr 25 Prozent Freiraum.
Eine Bowlingkugel mit 30 cm Durchmesser hat ein Volumen von 14137 Kubikzentimeter, das kann man mit dem Radius der Kugel berechnen. Macht also 0,014137 Kubikmeter pro Kugel.
Dann teilt man … durch 0,014137, um die Anzahl der Kugeln – wenn es keine Zwischenräume gäbe – herauszufinden. Macht …. Das rechne ich mal 0,75 – wegen der Packungsdichte. Macht ungefähr … . So viele Bowlingkugeln passen also in das Kreuzfahrtschiff.

Merken Sie sich: Ihre Rechnung muss nicht korrekt sein – ist das Beispiel oben sicher auch nicht. Wichtig ist, dass Ihr Ansatz wenigstens den Anschein erweckt, logisch denken zu können. Das heißt: Berücksichtigen Sie Details, bauen Sie sie in Ihre Rechnung mit ein. Sie dürfen übrigens auch gern Ihren Notizzettel sowie den eingebauten Taschenrechner Ihres Telefons benutzen.

Wichtig ist auch: Bewahren Sie Contenance. Bleiben Sie also ruhig. Wenn Sie bei einem Teil Ihrer Rechnung nicht weiterkommen, sagen Sie einfach etwas wie: „Nehmen wir hypothetisch an, die Länge der Wasserrutsche beträgt 200

Meter." – das klingt intelligent und erlaubt Ihnen, mit einer „Backup"-Lösung zu rechnen, wenn Sie nicht mehr weiterwissen.

Faustregeln fürs Job-Interview:

- **Verinnerlichen Sie die hier besprochenen Fragen mitsamt Antworten**
- **Betonen Sie stets Schnittmengen zwischen Ihnen und der Firma**
- **Bleiben Sie souverän und gelassen - nichts persönlich nehmen**
- **Behalten Sie immer die Stellanzeige im Hinterkopf**

Mit dieser Vorbereitung sind Sie bereit für den größten Teil der potenziellen Bewerberfragen. Wenn etwas gefragt wird, auf das Sie trotz allem nicht vorbereitet sind, halten Sie sich an die folgenden Regeln: Ruhig bleiben, Souveränität ausstrahlen, kurz nachdenken, dann antworten und dabei eigene Ziele und Unternehmensziele miteinander verknüpfen und Schnittmengen finden. Bei der Antwort auf jene Schnittmengen fokussieren.

Nach dem Bewerbungsgespräch

Sie haben es geschafft. Das Bewerbungsgespräch ist vorüber, nun beginnt bei vielen wieder eine Phase unglaublicher Ungeduld.

Halten Sie aber stand, haken Sie nicht beim Unternehmen nach, wenn die Antwort auf sich warten lässt. Stattdessen fahren Sie gut damit, sich bei allen Beteiligten nochmals per E-Mail zu bedanken.

Dieses Dankesschreiben können Sie zum Beispiel nach folgender Vorlage gestalten:

Sehr geehrte Frau Personalerin,
Ich möchte mich auf diesem Wege noch einmal herzlich für Ihre Einladung zum Jobinterview und die Möglichkeit beddanken, Sie persönlich kennenzulernen.
Ich habe die Gesprächsatmosphäre als sehr angenehm empfunden und bin mehr denn je bestärkt, bei Ihnen arbeiten zu wollen.
Haben Sie noch ein Anliegen bezüglich meiner Bewerbung, zögern Sie bitte nicht, mich anzurufen oder mir eine E-Mail zu senden.
Mit herzlichen Grüßen
Max Mustermann

Hier können Sie auch nochmals genauer auf einzelne Aspekte des Gesprächs eingehen, die Sie als sehr positiv empfunden haben – und auf die Fragen, die Sie ganz schön zum Grübeln gebracht haben.

Wenn das Gespräch komplett schiefgegangen ist, kann daran auch eine E-Mail nichts mehr ändern. Wenn Sie aber einen guten Eindruck vom Gesprächsverlauf haben, kann ein solches Schreiben Ihnen stark nutzen, denn so bleiben Sie den Personalern eher in Erinnerung.
Mit einem solchen Schreiben zeigen Sie gegenüber dem Personaler Ihre Wertschätzung. Nicht jeder Entscheidungsträger weiß das zu schätzen, falsch machen können Sie mit einem Dankesschreiben aber nichts!

Wenn nach vier Wochen immer noch keine Antwort kommen sollte, dürfen Sie nochmals per E-Mail nachfragen. Sie sollten dann ein Schreiben aufsetzen, wie ich es Ihnen im Abschnitt „Wie Sie Wartezeiten optimal überbrücken und für sich nutzen“ vorgestellt habe.

Lesen Sie jetzt unbedingt weiter, denn es folgen absolute Geheimtipps, welche Ihr Bewerbungsgespräch perfektionieren!

10 weitere Profitipps für das perfekte Bewerbungsgespräch

1. Lehnen Sie nicht ab, wenn Ihnen der Personaler etwas zu trinken anbietet. In so gut wie jedem Bewerbungsgespräch wird Ihnen der Personalverantwortliche etwas zu trinken anbieten.

Hier sollten Sie auf keinen Fall ablehnen. Denn ein Getränk neben Ihnen auf dem Tisch bietet einen ganz entscheidenden Vorteil:

Sollte der Personaler Ihnen eine ganz besonders knifflige Frage stellen, können Sie so erst einen Schluck trinken und sich so etwas Zeit zum Nachdenken verschaffen, bevor Sie antworten – und zwar ohne, dass eine unangenehme Pause entsteht.

Außerdem könnten die Personaler es als unangenehm werten, wenn Sie deren Angebot nach einem Getränk ablehnen. Es ist nicht schlimm, wenn Sie dann während des Gesprächs keinen einzigen Schluck nehmen – das Getränk aber abzulehnen schon.

Werden Sie gefragt, ob Sie etwas trinken wollen, sollten Sie aus Gründen der Höflichkeit vorsichtshalber nur ein Wasser oder bestenfalls Kaffee nehmen. Erstens ist es peinlich, wenn Sie nach Orangensaft fragen, dieser aber überhaupt nicht vorrätig ist.

Zweitens werden Sie bei Getränkewünschen, die über Wasser hinausgehen, schnell als der Bewerber abgestempelt, der eine Extrawurst benötigt – nicht gerade förderlich. Außerdem sollten Sie diesen Trick nicht allzu oft anwenden:

Wenn Sie vor der Beantwortung jeder einzelnen Frage einen Schluck Wasser nehmen, wirkt das nämlich alles andere als natürlich und der kleine Kniff fliegt auf.

Für den Fall, dass Ihnen der Personaler doch kein Getränk anbieten sollte, gilt: Nicht selbstständig nachfragen – selbst vorsorgen! Zum Beispiel, indem Sie immer eine kleine Flasche mit Mineralwasser in Ihrer Tasche bei sich führen, die Sie bei Bedarf auspacken können.

So haben Sie immer eine mächtige Geheimwaffe dabei, die Ihnen bei herausfordernden Fragen einige Extrasekunden verschafft.

2. Name und Position der Gesprächspartner schon vorher erfragen! Bevor das Vorstellungsgespräch stattfindet, sollten Sie, zum Beispiel als Antwort auf die Einladung, per E-Mail nachfragen und sich erkundigen, wer Ihnen beim Jobinterview gegenübersitzen wird.

Das ist äußerst wichtig, denn so können Sie direkt bei der Begrüßung einen positiven Eindruck hinterlassen und sich die Namen Ihrer Gesprächspartner schon vorher einprägen. Oft scheitert nämlich der Versuch, sich die Namen erst kurzfristig bei der Begrüßung einzuprägen.

Durch all die Aufregung kommt es nicht selten vor, dass einem später – etwa bei der Verabschiedung – die Namen schon nicht mehr einfallen wollen.

Außerdem haben Sie, wenn Ihnen die Gesprächspartner schon von Beginn an bekannt sind, den großen Vorteil, sich individuell auf Ihr Gegenüber vorbereiten zu können. Studieren Sie also die Profile Ihrer Gesprächspartner!

Vielleicht ergibt sich so sogar noch Gesprächsstoff für Smalltalk und Sie können mit detaillierten Informationen über die Personaler punkten, die mit Sicherheit keiner der anderen Bewerber weiß!

3. Bringen Sie alle Unterlagen wie das Bewerbungsschreiben und Ihre Einladung mit! Mit diesem Kniff können Sie bei den Personalern ganz besonders punkten.

Erstens können Sie auf diese Weise direkt überprüfen, auf welche Stelle Ihres Anschreibens sich der Personaler bezieht, wenn er noch eine Frage zu Ihrem

Lebenslauf hat. Dies kann besonders nervösen Bewerbern zu mehr Sicherheit während des Gesprächs verhelfen.

Zweitens können Sie auch Ihre Gesprächspartner mit einer Kopie versorgen, sollten diese Ihre Unterlagen nicht schon von sich aus parat haben – so können Sie sich gelungen als Organisationstalent präsentieren und wertvolle Pluspunkte sammeln.

Greifen Sie also unbedingt auf diesen Tipp zurück und haben Sie all Ihre Bewerbungsunterlagen – also Anschreiben, Lebenslauf sowie Ihre Einladung – dabei.

4. Loben Sie die Personalentscheider! Dass man sich vor dem Gespräch für die Einladung und nach dem Jobinterview für die Gelegenheit bedanken sollte, gehört ohnehin zum guten Ton.

Sie können dem Ganzen aber die Krone aufsetzen, indem Sie zu Beginn sowie nach dem Gespräch die Personaler noch einmal für einen ganz bestimmten Aspekt des Bewerbungsprozesses loben.

Das zeigt Wertschätzung, was Ihnen als Bewerber ganz gehörig in die Karten spielt. Bedanken Sie sich also für die gute Wegbeschreibung zum Ort des Vorstellungsgesprächs oder für die unkomplizierte und direkte Kommunikation.

Nach dem Gespräch können Sie den Personalern zum Beispiel für die Herzlichkeit oder die Auswahl der gestellten Fragen Ihren Dank aussprechen.

5. Versuchen Sie, Ihr Gegenüber zu spiegeln! In zahlreichen Studien wurde belegt, dass es Sie um ein Vielfaches sympathischer erscheinen lässt, wenn Sie während einer Konversation die Bewegungen Ihres Gesprächspartners spiegeln.

Das gilt natürlich auch für Bewerbungsgespräche! Deswegen sollten Sie auch bei Ihrem nächsten Jobinterview darauf achten.

Führen Sie zum Beispiel Ihr Glas zum Mund, wenn es der Personalentscheider tut, erwidern Sie sein Lächeln und folgen Sie seinen Blicken. Übertreiben sollten Sie es damit natürlich nicht, denn dann laufen Sie Gefahr, dass der Personaler Sie durchschaut.

6. Tragen Sie blaue oder rote Elemente an Ihrer Kleidung! Erinnern Sie sich noch an den ersten Abschnitt dieses Buches, in dem ich Ihnen beigebracht habe, warum Sie bei der Färbung Ihres Bewerbungsschreibens auf Rot und Blau setzen sollten? Genau dasselbe gilt auch für die Kleidung beim Vorstellungsgespräch.

Möchten Sie einen selbstbewussten und bestimmten Eindruck hinterlassen, sollten Sie Rot verwenden – wollen Sie als kreativ, erfrischende und besonders glaubwürdige Person wahrgenommen werden, fahren Sie mit blauen Elementen Ihrer Kleidung sehr gut.

Wie auch schon beim Anschreiben gilt aber: Wollen Sie den gewünschten Effekt der Farbe erzielen, sollten Sie auf Mischungen – wie etwa eine rot-blau-karierte Krawatte – verzichten. Ebenso: Je dezenter die farbliche Akzentuierung, desto besser!

7. Nehmen Sie vor dem Jobinterview eine kalte Dusche! Das mag beim ersten Mal lesen ein wenig bizarr klingen. Aber tatsächlich bieten kalte Duschen zahlreiche Vorteile, die warme Duschen nicht haben. Das Kaltduschen beschleunigt die Blutzirkulation und weckt Sie dadurch auf. Zudem werden die Hormone Adrenalin und Cortisol ausgeschüttet, die Ihre Aufmerksamkeit und Ihren Fokus steigern.

Ich persönlich habe bei mir auch ein gestärktes Selbstbewusstsein feststellen können! Kaltduschen ist inzwischen ein fester Bestandteil meiner Morgenroutine und auch Sie sollten damit beginnen – ganz besonders vor Bewerbungsgesprächen.

Es ist möglich, dass Sie mir nicht glauben wollen, aber probieren Sie es einfach aus – und staunen Sie! Für den Anfang sollten Sie versuchen, für dreißig Sekunden kalt zu duschen.

Wichtig: Danach nicht wieder auf warm stellen, sondern die Dusche verlassen, auch, wenn es unangenehm ist, denn sonst geht der positive Effekt verloren.

8. Trauen Sie sich mal was! Klar kostet es Überwindung, aber tun Sie in Ihrem Jobinterview etwas, mit dem die Personaler nicht rechnen, kann das dafür sorgen, dass Sie Ihren Gesprächspartnern auch im Nachhinein noch lange im Gedächtnis bleiben.

Haben Sie zum Beispiel ein kreatives Hobby, spricht nichts dagegen, es den Personalern vorzuführen, wenn es einen passenden Zeitpunkt gibt. Beherrschen Sie zum Beispiel Kartentricks, könnten Sie Ihrem Gegenüber doch einen zeigen.

Oder wie wäre es, wenn Sie einfach mal die Rollen tauschen und den Personalentscheidern nach dem Gespräch Feedback geben?

9. Achten Sie auf den Zeitpunkt Ihres Gespräches! Versuchen Sie, wenn möglich, den Termin zu wählen, der möglichst früh am Tag stattfindet. Wenn Ihnen also an einem Tag mehrere Optionen offenstehen, sollten Sie immer den frühestmöglichen wählen. Denn dann bleiben Sie – das hat eine norwegische Studie ergeben – den Personalentscheidern am meisten im Kopf. So erinnert man sich an Sie und wird Sie unterbewusst den anderen Bewerbern vorziehen.

10. Bleiben Sie so lange stehen, wie möglich! Wenn Sie das Gebäude betreten, begeben Sie sich meist zuerst in dem Empfangssaal, wo Sie warten sollen, bis Sie von Ihrem Gesprächspartner abgeholt werden. Hier sollten Sie allerdings stehenbleiben, bis Sie vom Personaler empfangen werden.

Erstens fällt so die Atmung leichter, was Ihnen einen klareren Kopf verschafft – zweitens hinterlassen Sie so auch einen selbstbewussten und bestimmten Eindruck beim Personaler.

Nachwort

Herzlichen Glückwunsch. Wenn Sie bei diesem Teil des Buches angelangt sind, bedeutet das, dass Sie sich gewissenhaft durch die vielen Facetten dieses Ratgebers durchgearbeitet haben!

Dies verlangt viel Durchhaltevermögen, Aufmerksamkeit und Offenheit ab – Attribute, die in so gut wie jedem Beruf von Vorteil sind. Aus diesem Grund bin ich jetzt umso mehr davon überzeugt, dass Ihr zukünftiges Berufsleben von Glück und Erfolg geprägt sein wird.

Im Laufe der vielen Seiten dieses Ratgebers haben Sie gelernt, wie Sie sich optimal auf den Bewerbungsprozess vorbereiten, ein überzeugendes Anschreiben und einen beeindruckenden Lebenslauf verfassen, nicht in Ungeduld verfallen und wie Sie Bewerbungsgespräche souverän meistern!

Ich habe in diesem Buch versucht, all das, was ich über Bewerbungserfolg weiß, einfach und präzise an Sie weiterzugeben. Wenn mir dies gelungen ist und Sie mit diesem Buch genauso glücklich sind wie ich, würde ich mich über eine Weiterempfehlung freuen!

Ich freue mich, Sie weiterhin begleiten zu dürfen – spätestens dann, wenn Sie diesen Ratgeber erneut aufschlagen, um die Inhalte zu wiederholen. Kontinuität ist der Schlüssel zum Erfolg!

In diesem Sinne wünsche ich Ihnen alles Gute für Ihre private und berufliche Zukunft!

Auf bald!

Ausgewählte Literaturempfehlungen

SPEED READING

Schneller & besser Lesen

Wie Sie mit einem sicheren Schritt für Schritt System spielend leicht Ihre Lesegeschwindigkeit verdoppeln und Ihre Konzentration nachhaltig steigern

„Ein Muss für alle Wissensgierige!“
– Amazon Kunde

Wie Sie mit Hilfe einer effektiven Schritt für Schritt Formel Ihre Lesegeschwindigkeit verdoppeln und beim Lesen Zeit sparen!

Das Speed Reading Buch zeigt Ihnen einfache Praxis-Strategien auf, mit denen Sie Ihre Lesegeschwindigkeit verdoppeln und dabei Ihre Konzentrationsleistung nachhaltig erhöhen. Sehen Sie das Buch als das, was es ist: Ein sicheres Schritt für Schritt System, das aus Ihnen einen absoluten Speed Reading Profi machen wird. Dank diesem Buch werden Sie nie wieder kostbare Zeit verlieren!

ISBN: 978-1075798542
Matthias Brandt

Bücher für angehende Führungskräfte

ZEIT & FOKUS

Konzentriert arbeiten

Wie Sie durch Selbstdisziplin und effektives Zeitmanagement maximale Produktivität erreichen und die geheimen Fokus-Strategien der Super-Erfolgreichen anwenden

„Gibt dem Leser allerhand Werkzeug mit, sein Leben als Meisterwerk zu meißeln."
– Amazon Kunde

Wie Sie auf Knopfdruck konzentriert arbeiten und in weniger Zeit mehr Ergebnisse erzielen.

In seinem neuen Buch *ZEIT & FOKUS* verrät Ihnen Matthias Brandt die bisher noch nie veröffentlichten Strategien der Super-Erfolgreichen. Raffiniertes Zeitmanagement kombiniert mit laserscharfen Fokus, sind die zwei essenziellen Schlüssel für Ihren Erfolg. Dieses Buch ist Ihr persönlicher Leitfaden, wie Sie in kurzer Zeit diese zwei wertvollen Fähigkeiten in sich vereinen.

ISBN: 978-1691263165
Matthias Brandt

Die Top Bestseller im Überblick

RHETORIK

Reden wie ein Profi

Wie Sie ein guter Redner werden, überzeugend auftreten und Ihre wahrgenommene Kompetenz durch erfolgreiche Kommunikation erhöhen

„Wichtiges Buch für ein erfolgreiches Leben."
– Amazon Kunde

Das Rhetorik Buch zeigt Ihnen, wie Sie dank einfacher Strategien Ihre Rede- und Überzeugungskünste verbessern.

Dieses Buch bietet Anfängern einen guten Start, um Kommunikation zu meistern. Auch aber bekommen Experten neue Einblicke in die Welt der Rhetorik, was dieses Werk zu einer absoluten Standardlektüre macht, wenn es um die Kunst der Rede geht. Damit auch Sie Ihre Interessen wirkungsvoll durchsetzen und Ihre Mitmenschen nachhaltig für sich gewinnen.

ISBN: 978-1728739243
Julius Loewenstein

Die Rundum-sorglos-Pakete ...

GEWOHNHEITEN ÄNDERN | SELBSTDISZIPLIN | SPEED READING | ZEIT & FOKUS

Das Große 4 in 1 Buch!

Wie Sie mit effektiven Methoden aus der Psychologie
Ihre Motivation und Produktivität maximal steigern

„Essenziell für Leistungsträger. Besser als Doping? Definitiv!“
– Amazon Kunde

„Besser als Doping.“ – Von Spezialisten empfohlen!

Wirksames Zeitmanagement wird in diesem Standardwerk neu definiert. **Profitieren Sie noch heute von Mindset Strategien der Top Profis, die Ihnen das Leben erleichtern und Ihre Konkurrenz tief in den Schatten stellt.** Verboten effektive Methoden aus der Psychologie - für Sie einfach und praxistauglich auf den Punkt gebracht.

ISBN: 979-8602775372
Matthias Brandt

… der Persönlichkeitsentwicklung

RHETORIK | SMALLTALK | SCHLAGFERTIGKEIT | SELBSTBEWUSSTSEIN

Das Große 4 in 1 Buch!

Wie Sie die Kunst der Kommunikation, der Körpersprache
und selbstbewusstes Auftreten erfolgreich meistern

„Standardwerk für erfolgreiche Kommunikation - das wohl mächtigste Buch zum Thema.“
– Amazon Kunde

Das Große 4 in 1 Buch vom Bestseller-Autor Julius Loewenstein!

Dieser Klassiker umfasst die vier Dauer-Bestseller von Julius Loewenstein. In diesem Buch werden essenzielle Erfolgsstrategien gebündelt und ungekürzt in vollem Umfang wiedergegeben. Damit Sie das ganze Paket der Persönlichkeitsentwicklung für Ihren Erfolg aus einer Quelle beziehen und dabei kostengünstig auf wertvolles Praxis-Wissen zugreifen!

ISBN: 978-1073655007
Julius Loewenstein

Printed in Poland
by Amazon Fulfillment
Poland Sp. z o.o., Wrocław

63167761R00060